非晶微丝磁畴调控与巨磁阻抗效应相关性

陈东明　著

本书数字资源

北　京
冶　金　工　业　出　版　社
2023

内容提要

本书介绍了拉伸与扭转应力处理、电解抛光与电镀方式处理、直流焦耳热与梯度式焦耳热退火、不同液态介质中焦耳热退火、直流焦耳热结合电解抛光的复合式处理技术对熔体抽拉非晶微丝进行磁畴结构调制的方法，分析了磁畴结构与巨磁阻抗效应对应关系，探讨了两者的相关性，由此分析了非晶微丝磁畴结构的形成机理，并探明了熔体抽拉非晶微丝的磁畴结构，提出了非晶微丝具有高的巨磁阻抗效应的比值、响应灵敏度、场响应量程的磁畴结构的三个特征。

本书可供从事非晶态材料物理磁性研究的人员参考，尤其适用于对非晶微丝或纤维的磁畴结构与巨磁阻抗效应方向感兴趣的研究人员与爱好者。

图书在版编目(CIP)数据

非晶微丝磁畴调控与巨磁阻抗效应相关性/陈东明著．—北京：冶金工业出版社，2023.7

ISBN 978-7-5024-9573-2

Ⅰ.①非…　Ⅱ.①陈…　Ⅲ.①磁性材料—磁畴—巨磁电阻材料　Ⅳ.①TM271

中国国家版本馆 CIP 数据核字（2023）第 136894 号

非晶微丝磁畴调控与巨磁阻抗效应相关性

出版发行　冶金工业出版社　　**电　　话**　(010)64027926
地　　址　北京市东城区嵩祝院北巷 39 号　　**邮　　编**　100009
网　　址　www.mip1953.com　　**电子信箱**　service@mip1953.com

责任编辑　于昕蕾　卢　蕊　美术编辑　吕欣童　版式设计　郑小利
责任校对　梅雨晴　责任印制　禹　蕊
三河市双峰印刷装订有限公司印刷
2023 年 7 月第 1 版，2023 年 7 月第 1 次印刷
710mm×1000mm　1/16；8 印张；152 千字；117 页
定价 53.00 元

投稿电话　(010)64027932　投稿信箱　tougao@cnmip.com.cn
营销中心电话　(010)64044283
冶金工业出版社天猫旗舰店　yjgycbs.tmall.com
（本书如有印装质量问题，本社营销中心负责退换）

前　言

非晶微丝可应用在很多领域，其软磁性能的优越性及对外磁场的敏感度使其在传感器、地磁导航、电磁屏蔽、磁记录等多方面得到实际应用。传感器应用方面，磁性微丝由于具有独特的巨磁阻抗（giant magneto-impedance，GMI）效应而受到国际学术界的广泛关注。此后，在非晶薄膜、玻璃包裹非晶丝、纳米晶合金带材料中相继发现了巨磁阻抗效应。磁性微米丝不但具有长程无序的非晶态结构，同时具有良好的几何对称性、较小的磁滞损耗和矫顽力、负或近零磁致伸缩系数、高的磁导率等优点，是更适于 GMI 传感器用的新型磁敏感材料。

基于巨磁阻抗效应的 GMI 传感器作为新一代传感器的代表，与霍尔（Hall）传感器、磁通门（fluxgate）磁力计、超导量子干涉仪（SQUIDs）、巨磁电阻（GMR）传感器等相比，具有微型化、灵敏度高、响应能力和抗干扰能力强、功耗低、性能稳定等诸多优点，在地磁导航、微磁探测等国防领域表现出强大的技术优势和竞争能力。

GMI 效应通常会受到材料化学成分、几何形状（直径、长度）、测量参数（激励电流幅值、频率、外磁场）、应力状态、环境温度等诸多因素的影响，但最关键的因素还是磁性微米丝磁畴结构的分布。现有研究表明：巨磁阻抗效应的产生与丝材趋肤效应密切相关，磁畴结构和磁各向异性是决定非晶丝 GMI 性能优劣的根本原因。欲使丝材具有表面环向分布的磁畴结构，须通过一定的调制处理方法对微米丝磁畴结构加以调控。

目前，国内尚缺少较全面和系统的介绍磁性微丝 GMI 效应与磁畴结构相关性的书籍。作者将围绕“什么样的磁畴结构是非晶微丝理想的磁畴结构”“如何对磁性微丝进行磁畴调控及调控机制是什么”“磁畴结构及其与 GMI 效应的对应关系”三个问题展开。研究工作拟以熔体抽拉法制备的 Co-Fe 基磁性微米丝为研究对象，采用电流退火调制处理方法，结合在丝材表面进行微电化学处理等调制手段，对丝材磁畴进行调控，以此为据研究“调制机制”的问题；结合磁畴结构的同步试验观测与表征，研究“磁畴结构与GMI效应之间的对应关系”问题。本书的主要研究内容包括：（1）以非晶微丝磁畴结构调整为目标，采取拉伸与扭转应力调制微丝的畴结构，改变微丝磁各向异性能与磁弹能，改善GMI效应；（2）采用电化学微处理改善微丝表面形态与磁畴结构，改变表面应力状态与磁各向异性，进而实现对GMI效应的调控，并探求其调控机制；（3）采用焦耳热退火方式，液态介质下大电流退火处理的新型调制方法对微丝周向各向异性进行调制，考察焦耳热退火对磁畴结构及GMI效应的调制效果，研究其调控机制。（4）建立微丝的磁畴模型并对应GMI效应的不同性能，明晰微丝磁畴结构与GMI效应之间的对应关系。

由于作者水平有限、经验不足，书中难免存在不妥之处，恳请读者朋友批评指正。

陈东明

2023年5月

目　　录

1 绪　　论

1.1 本书背景及研究目的和意义

磁性微丝也称为“磁性微米线”，非晶微丝可应用在很多领域，其软磁性能的优越性，以及对外磁场的敏感度，使其在传感器、地磁导航、电磁屏蔽、磁记录等多方面得到实际应用[1-3]。传感器应用方面，磁性微丝由于具有独特的巨磁阻抗（giant magneto-impedance，GMI）效应而受到国际学术界广泛的关注。所谓巨磁阻抗效应是指磁性材料的交流阻抗随着外加磁场的微小变化而发生显著改变的现象[1]。这一现象最早由日本名古屋大学的 K. Mohri 教授等于 1992 年在 CoFeSiB 软磁非晶丝中发现。此后，人们在非晶薄膜、玻璃包裹非晶丝、纳米晶合金带材料中相继发现了巨磁阻抗效应[4-5]。基于巨磁阻抗效应的 GMI 传感器作为新一代传感器的代表，与霍尔（Hall）传感器、磁通门（fluxgate）磁力计、超导量子干涉仪（SQUIDs）、巨磁电阻（GMR）传感器等相比，具有微型化、灵敏度高、响应能力和抗干扰能力强、功耗低、性能稳定等诸多优点，在地磁导航、微磁探测等国防领域表现出强大的技术优势和竞争能力[6-7]。

目前，GMI 传感器和基于 GMI 效应的巨应力传感器（GSI）的开发已成为研究的热点问题，并在自行火炮、导弹等军事背景上逐渐扩大其应用范围[8-9]。与非晶薄带、磁性薄膜、纳米晶微丝、电沉积复合丝相比[10-13]，磁性微米丝不但具有长程无序的非晶态结构，同时具有良好的几何对称性、较小的磁滞损耗和矫顽力、负或近零磁致伸缩系数、高的磁导率等优点，是更适于 GMI 传感器用的新型磁敏感材料[14-16]。

GMI 效应通常会受到材料化学成分、几何形状（直径、长度）、测量参数（激励电流幅值、频率、外磁场）、应力状态、环境温度等诸多因素的影响，但最关键的因素还是在于磁性微米丝磁畴结构的分布[1]。现有研究表明：巨磁阻抗效应的产生与丝材趋肤效应密切相关，磁畴结构和磁各向异性是决定非晶丝 GMI 性能优劣的根本原因[17-18]。Chizhik 等人较早地利用磁光克尔效应观察并证实了 Co-Fe 基非晶丝特殊“芯-壳”磁畴结构的存在[18]，即壳层部分易磁化方向为沿圆周方向，芯部易磁化方向为丝材轴向。通过外加环向磁场沿易磁化方向调控磁畴的分布，可有效调整表面环向磁畴的形核与转动，进而改善 GMI 效应。因此环向分布的磁畴结构有利于获得优异 GMI 效应的观点，目前在业界获得了较为广泛的认同[1]。

欲使丝材具有表面环向分布的磁畴结构，须通过一定的调制处理方法对微米丝磁畴结构加以调控。最近几年，国际上多个研究团队对熔体抽拉丝、玻璃包裹丝等进行了多种形式热处理调制工艺（真空退火、磁场退火、电流退火、应力退火、激光退火等）的探索性研究[1,19]，获得了大量有价值的研究结果。经过适当调制处理后的微丝，在付诸 GMI 效应传感器应用之前，应有效解决诸如 GMI 效应的温度特性、GMI 效应输出信号稳定性、微丝连接与封装方法、GMI 传感器探头特征等方面的问题，这些也属此领域当前的研究热点问题。

总之，作为微磁传感器应用的高性能敏感材料，磁性微米丝已经显示了非常好的应用潜力，但仍存在基础理论上的盲区和技术上的瓶颈。就该技术领域总体框架而言，关于磁性微丝的调制处理、磁畴的结构特征及 GMI 效应的改善途径等问题，当属此领域的核心内容。围绕这 3 个方面尽管已经取得了前述的许多重要结果，但还有一些基本问题和事实仍有待于进一步研究和澄清。这些问题包括：

（1）关于磁性微丝的 GMI 效应调制机制。各种磁性微丝，不论是来自内旋水纺法、玻璃包覆法，还是熔体抽拉法，其制备态丝材均须经一定的调制处理以改善其磁学性能，特别是 GMI 特性，才能满足磁敏传感器的需求。但迄今为止，关于各种调制方法是通过怎样的“调制机制”才形成优异的 GMI 特性方面，一直缺乏清晰合理的解释。如目前多数学者认同“环向分布的磁畴有利于获得优异的 GMI 效应”的观点，然而在众多的单一或复合调制处理方法中，各种因素究竟怎样起作用而促进环向磁畴的形成并改善 GMI 效应的，目前还难以说清楚。揭示这一机制，不仅有利于深入理解 GMI 效应的形成本质，更可以在应用层面上对调制方法的优化和新型调制方法的引入起指导作用。现有的调制方法中，电流退火被认为是最适合于磁性非晶丝的处理方式之一[20]。因电流会产生环向磁场，而微丝表面又具有环向的磁畴分布，因此这种环向磁畴结构似乎应该是来自电流产生的环向电磁场的作用，显然该理论需要实验来验证。磁力显微镜测试结果已经显示，即使制备态的微丝，也存在类似环向分布的磁畴结构，如图 1-1(a)所示。

经过电流退火处理，环向磁畴结构发生了“条纹密度”“宽窄”等方面的改变，如图 1-1(b)(c)所示。因此，环向磁畴结构是完全来自电流退火处理，还是兼有其他因素影响，例如包括微丝几何形状方面的影响等，这是值得深入研究的“调制机制”相关问题。

再者，就磁畴本身属性而言，材料表面结构的状态的改变也会影响到磁畴的分布。如在微丝表面进行微机械或微电化学处理，则势必影响环状磁畴的形成和分布，进而影响 GMI 特性。以往的研究工作虽然有关于微丝长度、直径、截面圆整度等对 GMI 效应影响的报道，但并未见对丝材表面或表层采取处理手段，从而改善 GMI 性能的研究。所以如能通过对微丝表层进行处理，从而影响到其

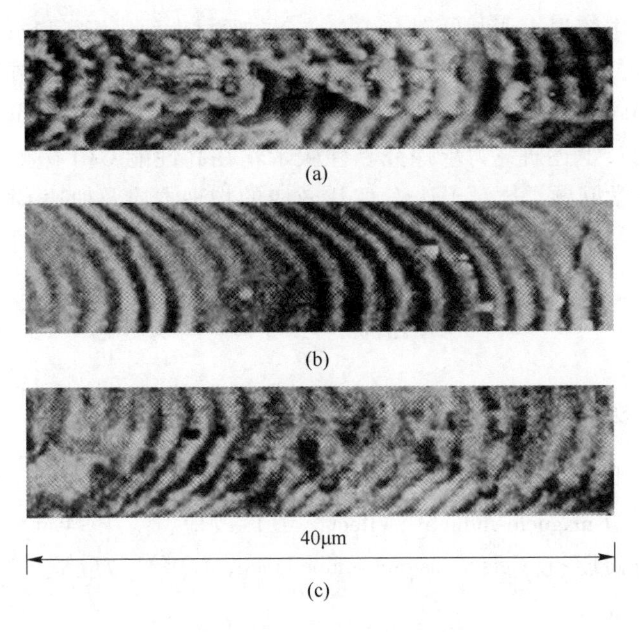

图 1-1 Co-Fe 基非晶微丝表面磁畴结构
(a) 制备态；(b)(c) 电流退火处理

环向磁畴结构和分布，进而改善其 GMI 效应，则此种思路也属“调制处理”范畴。倘如此，此种调制机制与电流调制情况则有所不同，因此也值得与电流调制相对照并深入研究。

(2) 关于磁畴结构及与 GMI 效应的对应关系。当前的研究工作未能实现对磁畴结构的同步观测与表征，也没能将其与 GMI 效应的优劣对应起来。只有个别研究者粗略观测乃至推测出“环向磁畴结构有利于获得优异的 GMI 效应”。但“环向”磁畴是一个太过笼统的概念，究竟是怎样的“环向”，是否有“大小”“强弱”“方向”之分，以及以何指标描述环向的“程度”和“优劣”，如何评价等，均有待深入研究。如图 1-1(b)(c)所示的两种磁畴结构状态，在尚未系统地测试相应 GMI 效应之前，很难对两种磁畴结构做出优劣评定。这些与 GMI 效应密切相关的基本问题，一直处于模糊不清、粗略定性的描述状态，显然难以揭开 GMI 效应形成及其影响机制的“真面目”。同时，当前也缺乏从调整磁畴结构入手的调制工艺优化研究工作。总之，当前有关磁畴结构的微磁学模型尚未建立起来，对于可以揭示非晶丝磁矩分布、磁畴形核、磁化反转规律的微磁学模拟等理论研究工作有待深入[21-22]。而作为这些工作的基础，有关“调制处理工艺”与“磁畴结构”及“GMI 效应”三者之间对应关系的建立则显得尤为必要。

基于上述研究现状和存在的问题，本书研究工作拟以熔体抽拉法制备的磁性微米丝为研究对象，采取低温环境（液氮冷却）与其他液态介质（真空油、无水乙醇）下大电流退火调制处理方法，结合在丝材表面进行微机械、微电化学处理等调制手段，对丝材磁畴进行调控，以此为据研究“调制机制”的问题；结合磁畴结构的同步试验观测与表征，研究“磁畴结构与 GMI 效应之间的对应关系”问题；通过上述研究力求探究磁性微米丝在高性能 GMI 磁敏传感器中应用的几个基础科学问题，这对于认识 GMI 效应的物理本质及加速 GMI 传感器的实际应用具有重要的理论意义和实用价值。

1.2 非晶微丝的 GMI 效应

1.2.1 GMI 效应

1992 年，日本名古屋大学 K. Mohri 教授等人在 $Co_{68.2}Fe_{4.3}Si_{12.5}B_{15}$软磁非晶丝中发现磁感应（magneto-inductive effect，MI）效应[23]。1994 年，L. V. Panina 等首次提出巨磁阻抗（giant magneto-impedance，GMI）效应概念[24]，其基本原理如图 1-2 所示。

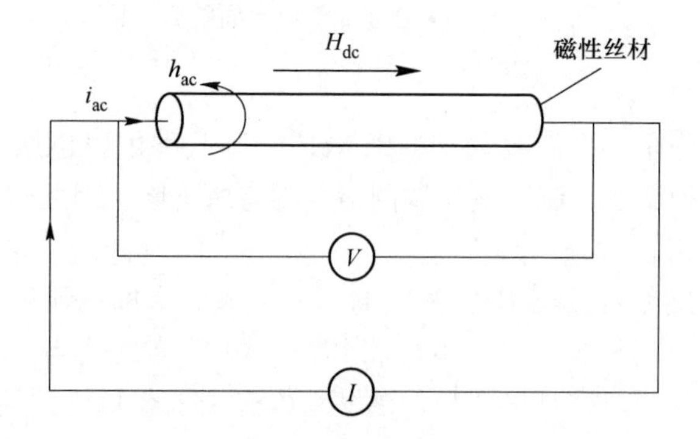

图 1-2 巨磁阻抗效应测量基本原理[1]

随后，研究发现 Co 基和 Fe 基非晶丝[25]、Fe 基纳米晶丝[26]、Co 基和 Fe 基非晶薄带[27]、NiFe、CoP 及 CoNiFe 电沉积复合丝[28-30]、单层、多层、三明治磁性薄膜[31-33]等普遍存在巨磁阻抗（GMI）效应，迅速成为研究的热点。其中以非晶丝的巨磁阻抗（GMI）效应研究最为显著，更适合应用于微型化高灵敏度传感器件。

一般认为，巨磁阻抗（GMI）效应的产生机理与丝材趋肤效应（skin effect）紧密有关[34]。当以一定频率的交变电流 $I=I_0\exp(-j\omega t)$ 激发非晶微丝时，交流电流分布趋于微丝表面，其感生的交变电压 V 或交流阻抗 Z 依赖于非晶丝形状、激发频率及有效磁导率，随着外磁场强度 H 的变化而显著变化，即 $V(\omega,H_{ex})=Z[\omega,\mu(\omega,H_{ex})]I(\omega,H_{ex})$。

根据连续介质的经典麦克斯韦（Maxwell）电磁方程和朗道-栗弗希兹（Landau-Lifshitz）磁矩矢量方程，并结合巨磁阻抗效应的产生机理，得到如下关系式[34-37]：

$$\nabla^2 \boldsymbol{H} - \frac{\mu_0}{\rho}\dot{\boldsymbol{H}} = \frac{\mu}{\rho}\dot{\boldsymbol{M}} - \text{grad div}\boldsymbol{M} \tag{1-1}$$

$$\boldsymbol{M} = \gamma \boldsymbol{M} \times \boldsymbol{H}_{\text{eff}} - \frac{\alpha}{M_s}\boldsymbol{M} \times \dot{\boldsymbol{M}} - \frac{1}{\tau}(\boldsymbol{M} - \boldsymbol{M}_0) \tag{1-2}$$

式中 γ——回磁比；

M_s——饱和磁化强度；

$\boldsymbol{M}_0$——静态磁化强度；

$\boldsymbol{H}_{\text{eff}}$——有效磁场强度；

α——阻尼系数。

$$Z = R_{\text{dc}}\frac{\alpha}{2\delta_s} + j\omega L_0 \frac{2\delta_s}{\alpha} = \frac{1}{2}R_{\text{dc}}(k\alpha)\frac{J_0(k\alpha)}{J_1(k\alpha)} \tag{1-3}$$

$$|Z| = \sqrt{\left(R_{\text{dc}}\frac{\alpha}{2\delta_s}\right)^2 + \left(\omega L_0 \frac{2\delta_s}{\alpha}\right)^2} = \sqrt{\frac{\pi\sigma\alpha^2 R_{\text{dc}}^2}{4} + \frac{L^2}{4\pi\sigma\alpha^2}}\sqrt{\mu_\varphi f} \tag{1-4}$$

$$k = (1+j)/\delta_s$$

式中 δ_s——趋肤深度，$\delta_s = c/[2\pi(\sigma\mu_\varphi f)^{1/2}]$；

R_{dc}——直流电阻，$R_{\text{dc}} = L/(\sigma\pi\alpha^2)$；

L_0——电感系数，$L_0 = L\mu_\varphi/(8\pi)$；

$J_i(k\alpha)$——第一类 i 阶贝塞尔（Bessel）函数；

σ——电导率，$\sigma = 1/\rho$；

μ_φ——环向磁导率；

L——丝长度；

f——交流频率；

c——光速。

由式（1-4）可知，非晶丝交流阻抗模值正比于$(\mu_\varphi f)^{1/2}$。按激励频率低频、中频、高频范围可将GMI特性分3个主要阶段来分析，不同阶段GMI性能形成机制将有所区别，同时，也将结合理论模型阐释GMI性能产生机理[1]。

（1）当交流频率较低（$0 < f < 0.1\text{MHz}$）时[1]，交流电流产生环向交变磁场，由于环向磁通改变产生轴向电场进一步感生交变电压，此时趋肤效应可以忽略（$\delta_s \gg a$ 和 $ka \ll 1$），交流阻抗 Z 中的直流电阻分量 R 受外磁场影响较小，Z 的变化主要取决于其电感分量 X 的贡献，与环向磁导率 μ_φ 成一定比例。此阶段，交流环向磁导率是一个复数张量，$\mu_\varphi = \mu' - j\mu''$[38]。其中，$\mu' = 4\pi X/(\omega l)$，$\mu'' = 4\pi(R - R_{\text{dc}})/(\omega l)$，$R_{\text{dc}} = 8\pi L/l$，$X = \omega L$。可称之为巨磁电感（giant magnetoinduction）效应[46]。此时，环向磁化过程以畴壁移动为主，有效磁导率随外磁场的增加而呈下降趋势，GMI 变化趋势与其一致，呈现单峰（single peak）行为。

（2）当交流频率较高（$0.1<f<20$MHz）时[1]，非晶丝横截面上的交流电流趋近于导体表面，表层电流密度增大，内部电流密度减小为表面电流密度 1/e（约 37%），趋肤效应明显（$\delta_s \ll a$ 和 $ka \gg 1$），交流阻抗 Z 的电阻分量 R 和电感分量 X 同时受外磁场影响，并引起环向磁导率显著改变，称为巨磁阻抗 GMI 效应。在相对较低的频率（$0.1<f<10$MHz）阶段，有效环向磁导率 $\mu_{\varphi\mathrm{eff}}$ 由畴壁移动和磁矩转动共同决定，$\mu_{\varphi\mathrm{eff}}=\mu_{\varphi\mathrm{mov}}+\mu_{\varphi\mathrm{rot}}$，均对环向磁化过程起作用，进而导致巨磁阻抗的变化。随着频率的相对升高，由于涡流（eddy current）效应阻碍畴壁继续移动，只有磁矩转动决定磁化过程并起主导作用，最终导致巨磁阻抗效应 GMI 降低。Panina 和 Mohri 等[39]从理论上研究了涡流阻尼畴壁运动对 GMI 效应的影响。激励中频区，采用磁畴模型能够很好地解释 GMI 问题，Chen 等人最先提出磁畴模型定性地解释了单双峰曲线和非晶微丝研究的一些实验结果[40-41]。

（3）当频率接近 GHz（$f>20$MHz）时[1]，旋磁效应（gyromagnetic effect）和铁磁弛豫（ferro-magnetic relaxation）起主要作用，电磁动力学特征明显，其趋肤深度 δ_s 和有效磁导率将发生巨大改变，导致铁磁共振（ferro-magnetic resonance，FMR）现象发生，引起交流阻抗 Z 在特定频率范围强烈变化。Yelon[42]和 Hu[43]等人研究发现高频下动态磁化模型必须考虑铁磁共振理论的交换作用，其结果与较高频率下 GMI 效应完全相符。

巨磁阻抗特性可通过巨磁阻抗效应阻抗在外磁场作用下的变化率即阻抗比值、与阻抗比值在外磁场作用下的变化率即磁场灵敏度来表示巨磁阻抗效应的显著程度，通常有如下两种定义方式[44-45]：

$$\Delta Z/Z_0=(Z(H_{\mathrm{ex}})-Z_0)/Z_0\times100\%,\qquad \xi=2\Delta(\Delta Z/Z_0)/\Delta H_{\mathrm{ex}} \tag{1-5}$$

$$\Delta Z/Z_{\max}=(Z(H_{\mathrm{ex}})-Z_{\max})/Z_{\max}\times100\%,\qquad \xi=2\Delta(\Delta Z/Z_{\max})/\Delta H_{\mathrm{ex}} \tag{1-6}$$

式中 ξ——磁场响应灵敏度,%/Oe（1Oe = 79.5775A/m）;

$Z(H_{\mathrm{ex}})$——不同外磁场激励时的阻抗值，Ω；

Z_0——零外磁场时的阻抗值，Ω；

$Z_{\max}$——最大激励外磁场对应的阻抗值，Ω。

式（1-5）能够直观反映出非晶丝阻抗相对于初始阻抗时的变化率随外加纵向磁场变化，施加适当的外加偏置磁场，获得最大磁场响应灵敏度 ξ，更适合于对比非晶丝 GMI 性能的优劣，对探测微弱磁场的磁敏传感器设计具有重要意义。式（1-6）能充分体现环向磁导率和阻抗随外磁场的变化趋势，与 GMI 效应的物理机制一致，磁场响应灵敏度 ξ 便于直接计算，但 GMI 变化率与所能施加的最大直流外磁场 H_{ex}有关，不同研究者的实验结果进行比较时存在较大差异，因此仅适合于 GMI 效应的基础研究。

1.2.2 非晶微丝GMI效应的影响因素

软磁非晶合金材料是获得优良巨磁阻抗（GMI）效应的前提和基础。巨磁阻抗效应还受到测量参数（激励电流幅值、频率、外磁场、温度）和非晶合金丝的成分、几何形状（长度、直径、表面粗糙度）的影响与制约。

图1-3(a)展示了Fe基纳米晶带GMI比值随测量参数激励电流幅值的增大而变大，且效果明显；图1-3(b)得到了Fe基纳米晶带激励电流频率对GMI比值的影响，由插图可知，激励频率为5MHz时，获得了更大的GMI效应；图1-3(c)为Co基非晶合金温度对GMI比值与磁导率比值的影响，由图可知，一定范围温度的升高，GMI比值和磁导率比值都得到提高；图1-3(d)为测量频率不同，GMI效应也随之改变，总体呈现随频率的提高GMI比值增大的趋势。

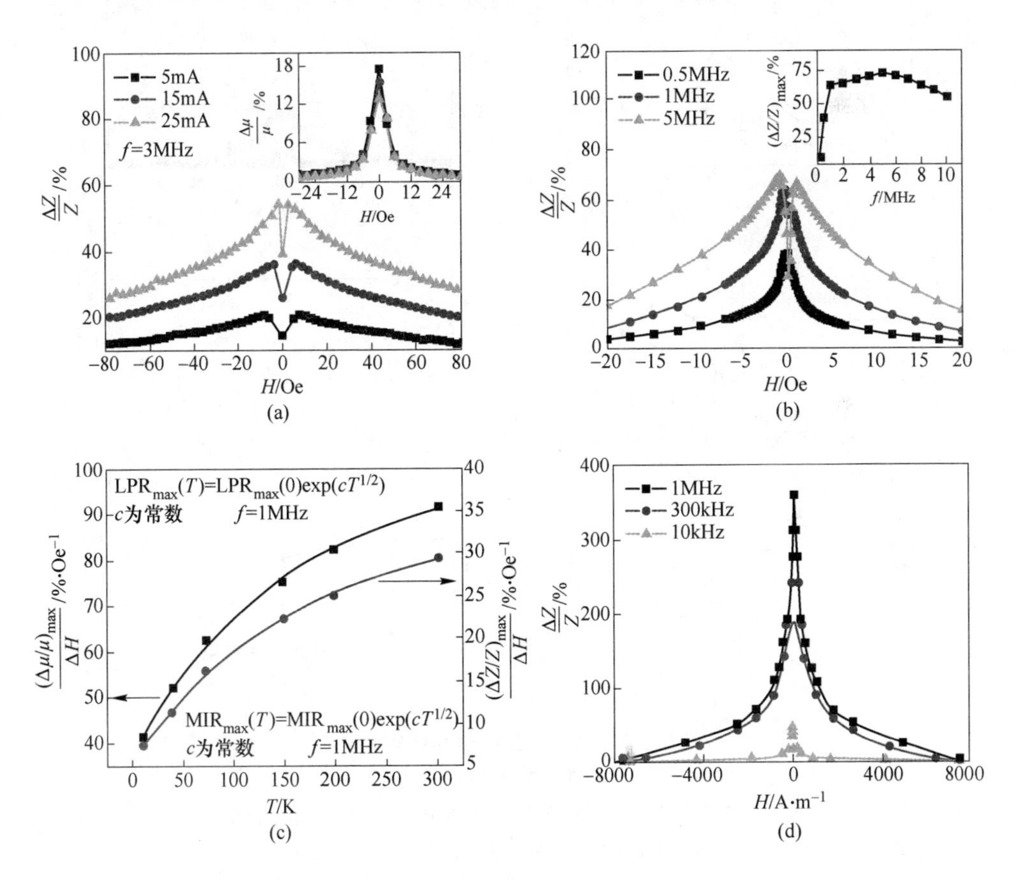

图1-3 测量参数对GMI的影响[1]

(1Oe=79.5775A/m)

(a) Fe基纳米晶带激励幅值；(b) Fe基纳米晶带激励电流频率；

(c) Co基非晶合金温度；(d) Co-Fe基水纺丝测量频率

由图 1-4(a)可知 Co 基非晶合金与 Fe 基纳米晶带 GMI 比值有所差别，发现具有纳米晶微结构的 Fe 基带材具有更高的 GMI 比值；图 1-4(b)给出了一定程度增加 Co 基微丝长度，GMI 比值有所增加；图 1-4(c)为 GMI 比值随直径的变化。GMI 比值并未随直径增大呈现单调递减的变化，而是直径在 40～70μm 时，GMI 比值较高；而直径较小或更大时，GMI 比值反而变小；图 1-4(d)将 Fe 基纳米晶带 GMI 与表面粗糙度对应，发现材料表面越光滑，GMI 比值越高。

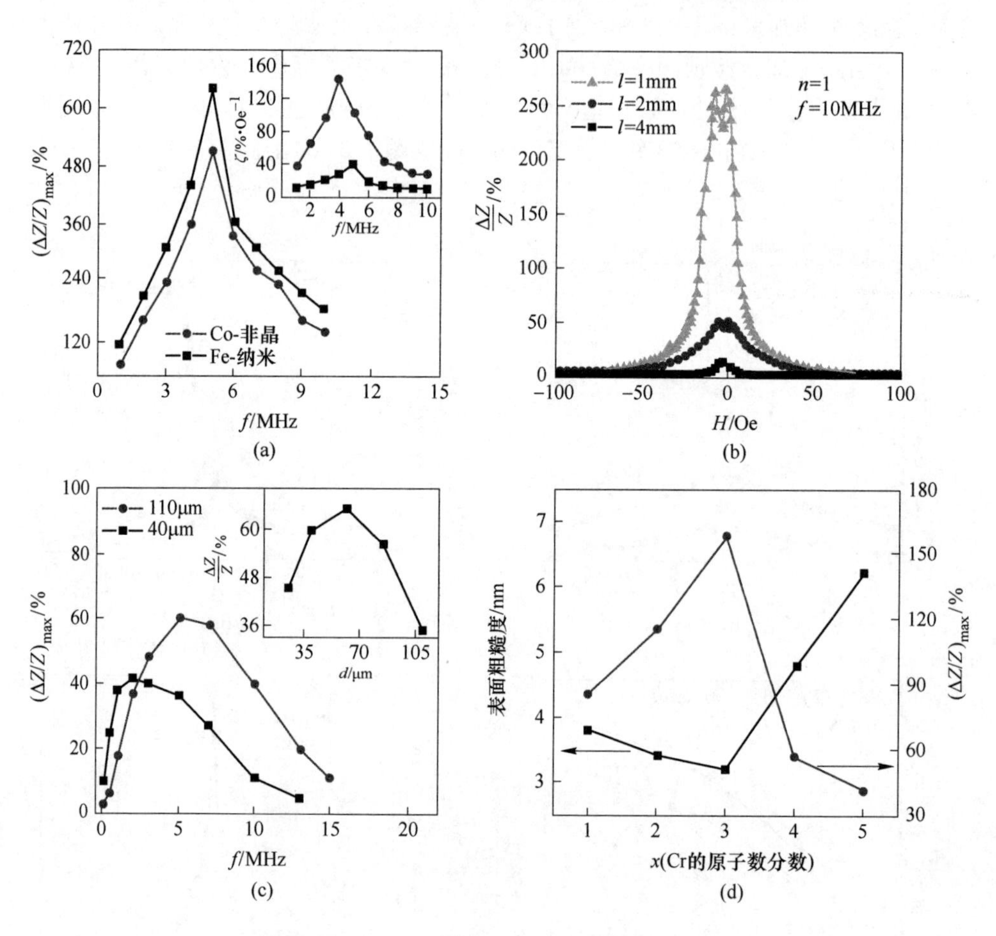

图 1-4 工艺参数对 GMI 的影响[1]

(1Oe = 79.5775A/m)

(a) Co 基非晶合金、Fe 基纳米晶带的成分；(b) Co 基微丝长度；

(c) Co 基微丝直径；(d) Fe 基纳米晶带表面粗糙度

研究发现，Co 基非晶丝较 Fe 基和 Fe-Ni 基非晶丝具有较低的磁致伸缩系数和更为显著的 GMI 效应[1]。与此同时，为了提高 GMI 效应及软磁性能，成分调试及优化仍是磁敏传感器对敏感材料的迫切需求。

M. H. Phan 在$Co_{70}Fe_5Si_{15}B_{10}$成分中掺入Nb、Cu替代B能有效提高GMI效应[46]。沈宝龙等人[47]也得到Nb的少量掺入不仅提高了Co-Fe基非晶合金的非晶形成能力，同时也提高了软磁性能。

1.2.3 非晶微丝GMI效应调制工艺

非晶铁磁材料经过适当的退火处理后，能有效地提高GMI效应。因为制备态非晶微丝以极快的冷速凝固成型导致其内部存在较大残余内应力，磁畴结构和磁阻抗效应可以通过适当的退火处理加以改善。一方面，退火直接影响材料的易磁化方向和磁各向异性，金属或纳米晶软磁合金材料的磁导率可以由感生各向异性和一定的磁畴结构得以有效控制和改善；另一方面，退火处理消除残余应力，改善了低磁致伸缩金属材料的磁畴结构，从而获得良好的GMI效应。这对实现非晶微丝在高灵敏度磁敏传感器上的应用具有十分重要的意义。目前国内外学者采取的主要退火方法有普通退火、焦耳热退火、应力退火和磁场退火。不管哪种退火方式，都需要通过大量的实验优化研究才能获得所需性能的工艺参数。

图1-5(a)为普通退火方式，即在一定真空度、一定温度下保温退火。温度逐渐升高，应力逐步释放，应力对畴壁的阻碍作用也减小，改善材料的软磁性能；而且部分内应力释放，感生各向异性增强，从而改善GMI效应。退火温度升高至晶化温度附近时，纳米晶析出，影响畴壁移动或者磁矩转动从而改变材料软磁性能。退火温度继续升高，纳米晶长大，磁晶各向异性场增大，非晶结构被破坏，软磁性能降低。因此，存在一个特定的退火温度区间，非晶丝的软磁性能可以极大改善。图1-5(b)为焦耳热退火方式，是通过样品的电流产生的焦耳热完成退火的过程，并通过调整电流密度来控制退火温度[52-56]。

电流一方面产生焦耳热，另一方面产生环向磁场，影响材料的环向各向异性。该法加热时间短，工艺要求简单，无需气体保护，退火效果较好，可重复性高。图1-5(c)为应力退火，对样品施加一定强度的应力的退火方式[57-60]，是一种通过外加应力提高磁弹性能，改善磁性材料的磁结构和磁性的退火处理方法。对于具有负磁致伸缩系数的金属丝，拉应力作用下为了降低磁弹性能，易磁化方向与应力方向的夹角趋近于90°，系统的磁弹性能E_{me}最低。因此，在拉伸应力作用下，沿圆周方向的磁畴体积分数增加，增加了等效各向异性场，外加直流磁场对周向磁化的影响也相应变化，并提高了GMI效应，使GMI效应规律改变。图1-5(d)为磁场退火，所施加磁场具有方向性，磁场热处理也具有方向性。根据铁磁学理论[61-62]，磁场热处理的效果主要来自两种机制：其一是退火冷却过程中材料内部发生无序——有序的转变，造成原子重新排列而产生磁各向异性；其

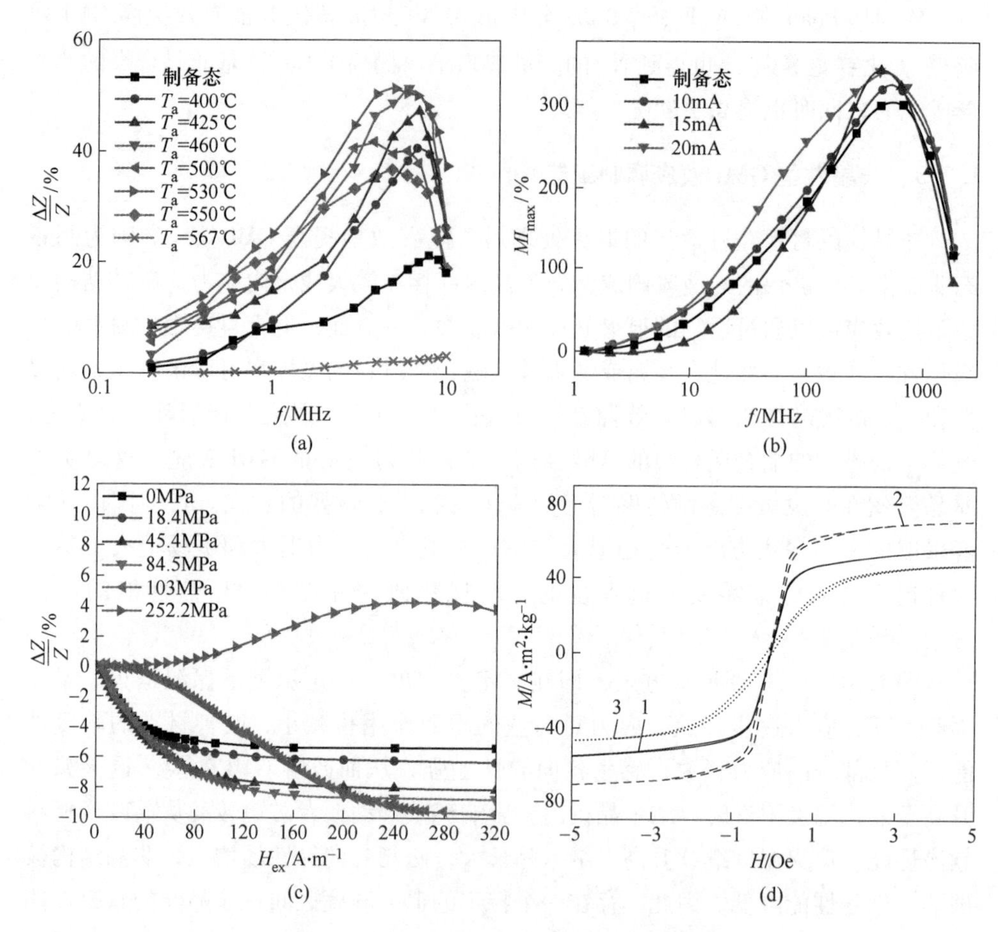

图 1-5　调制处理工艺对 GMI 性能的改善

(1Oe = 79.5775A/m)

(a) 温度退火后 Fe 基丝 GMI 随频率的变化[48]；(b) Co-Fe 基玻璃包裹丝焦耳热退火[49]；(c) Co 基非晶丝拉应力退火[50]；(d) Co 基非晶丝磁场退火[51]；1—制备态 (as-cast)；2—4000Oe 纵向磁场退火；3—4000Oe 横向磁场退火

二是材料本身具有磁致伸缩性能，即外磁场作用下磁性材料尺寸会发生微小变化，在磁弹性和热作用下原子发生重排，温度降至室温时，尽管外磁场已经撤去，部分原子仍无法恢复到热处理以前的状态，使合金感生各向异性[63]。

1.3　非晶微丝的磁畴结构

早在 1907 年，法国学者 P. Weiss 对磁畴进行了系统研究，认为自发磁化是以小区域磁畴形式存在的。事实已证明磁畴的存在，并且可以通过粉纹法、磁光效应法进行观察。相邻磁畴的界限称为磁畴壁，主要可分为两种：一种是180°畴壁，另一种是90°畴壁。材料的GMI效应受到材料化学成分、几何形状（直径、长度）、测量参数（激励电流幅值、频率、外磁场）、应力状态、环境温度等诸多因素的影响，然而，最根本的因素是磁性微米丝磁畴结构的分布[64]。现有研究表明：巨磁阻抗效应的产生与丝材趋肤效应密切相关，磁畴结构和磁各向异性是决定非晶GMI性能优劣的根本原因[65-66]。

材料的磁畴结构产生于制备过程中磁致伸缩与应力的耦合作用。不同制备工艺参数、不同磁致伸缩系数的磁性材料磁畴结构也将不同。因此，内圆水纺丝、玻璃包裹丝以及快速凝固获得的熔体抽拉丝磁畴结构也会有差别。目前，学者们已得到不同磁性丝材的磁畴结构。若能够有效地控制制备工艺参数及对后处理方法与参数的有效调制，则磁畴结构也能够被调制。

目前，微丝的磁畴结构研究主要集中在正/负磁致伸缩的内圆水纺丝和玻璃包裹丝，普遍采用的观测方法主要是磁光克尔法和粉纹图法[67-73]。但对熔体抽拉丝的磁畴结构尚未报道；西班牙B. Hernando利用粉纹图法（bitter technique）观测了内圆水纺丝 $Fe_{73.5}Si_{13.5}B_9Nb_3Cu_1$ 非晶丝的磁畴结构，得到了磁畴形状由制备态的蜿蜒状迷宫畴到扭转后的螺旋状畴。如图1-6所示，微丝在顺时针与逆时针不同方向扭转应变下，磁畴呈现不同的状态；同时得出了扭转形变为4.8π rad/m时，矫顽力最小为26A/m的关系[67]。

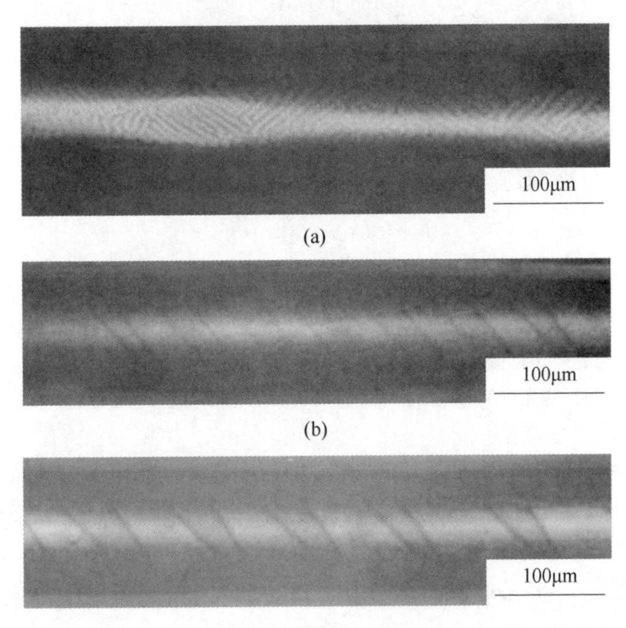

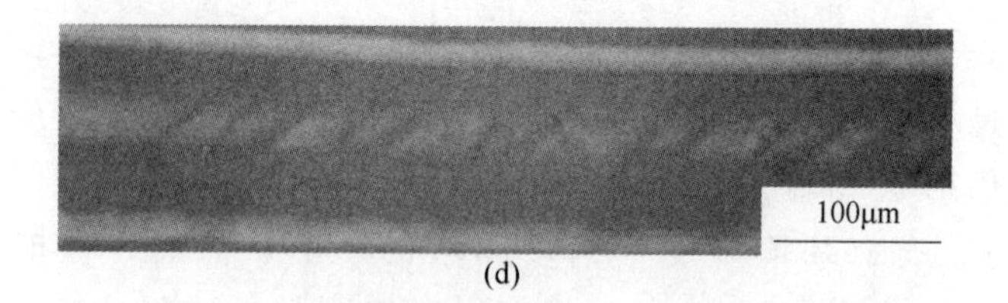

图 1-6　$Fe_{73.5}Si_{13.5}B_9Nb_3Cu_1$ 内圆水纺丝制备态与不同扭转形变状态的磁畴[67]

（a）磁畴结构；（b）顺时针扭 10rad/m；（c）顺时针扭 12.5rad/m；

（d）逆时针扭 12.5rad/m

罗马尼亚学者 H. Chiriac 在 2001 年采用磁光克尔效应法观测了 Fe 基玻璃包裹丝去除玻璃层的磁畴结构，如图 1-7 所示。微丝去除玻璃层后的表面磁畴为迷宫状畴[74]。该学者于 2011 年，采用 Nano 磁光克尔效应方法得到了 $Co_{68.15}Fe_{4.35}Si_{12.5}B_{15}$ 水纺丝的竹节状磁畴形貌，如图 1-8 所示[68]。

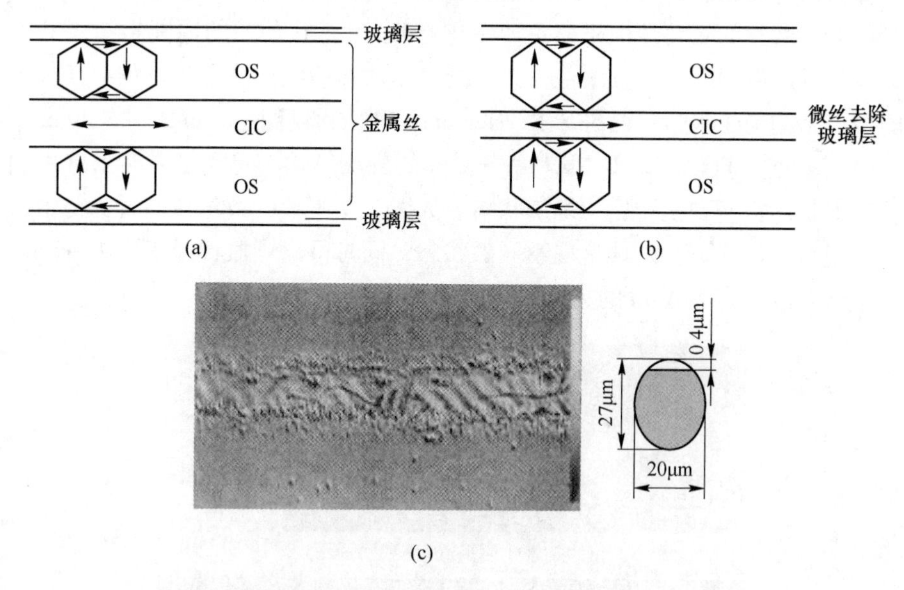

图 1-7　正磁致伸缩 Fe 基玻璃包裹丝磁畴结构示意图

（a）制备态，芯部金属丝（metallic wire）磁畴为轴向和径向畴，外壳为玻璃层（glass cover）包裹；（b）微丝去除玻璃层（wire after glass removal）后磁畴结构；

（c）磁光克尔效应法观察去除玻璃层 Fe 基非晶丝的磁畴结构[74]

图 1-9 为 A. Chizhik 于 2007 年用磁光克尔效应法观察 Co-Fe 基近零磁致伸缩水纺丝楔面端部不同位置的磁畴形貌，并给出了在轴向外场作用的磁畴演变结果[69]。于 2011 年，该作者采用极性磁光克尔效应（polar magneto-optical kerr-effect，P-MOKE）观察 $Co_{67}Fe_{3.85}Ni_{1.45}B_{11.5}Si_{14.5}Mo_{1.7}$ 玻璃包裹丝不同周向磁场激励下的周向单畴向多畴的转变，如图 1-10 所示[70]。

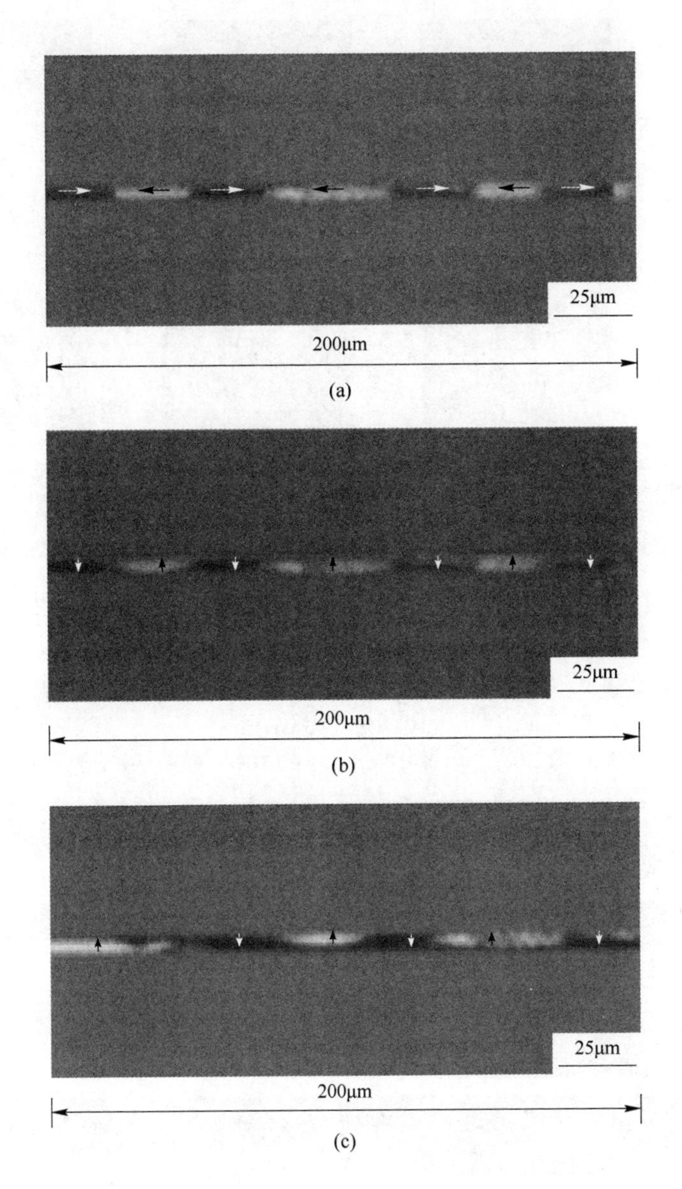

图 1-8 采用 Nano 磁光克尔效应得到 $Co_{68.15}Fe_{4.35}Si_{12.5}B_{15}$ 水纺丝竹节状磁畴结构

（a）纵向畴；（b）横向畴；（c）5mA 电流通过后形成的横向畴[68]

Y. Kabanov 和 A. Zhukov 采用磁光克尔探测薄膜（magneto-optical indicator film，MOIF）法得到了 $Fe_{77.5}B_{15}Si_{7.5}$ 和 $Co_{72.5}B_{15}Si_{12}$ 水纺丝的磁畴结构[71]（如图 1-11 所示），并得出 Fe 基表面 180°畴壁的非闭合畴，该畴的磁化方向垂直丝的表面，尺寸 5～6μm；Co 基微丝磁畴为具有 180°畴壁且畴尺寸很大的周向畴结构，尺寸大约 50μm。

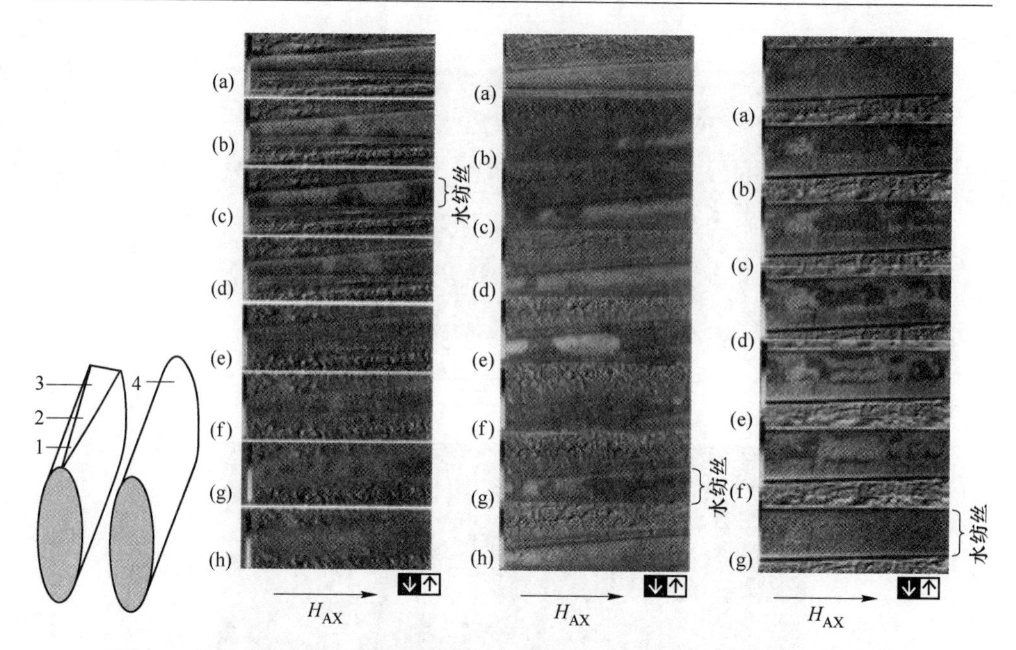

图 1-9　磁光克尔效应法观察 Co-Fe 基近零磁致伸缩水纺丝在轴向外磁场作用的楔面不同位置 1（尖端）、2（中间）、3（末端）、4（丝表面）的磁畴结构[69]

（1Oe = 79.5775A/m）

（a）10Oe；（b）5Oe；（c）2Oe；（d）0.03Oe；（e）-0.03Oe；（f）-1Oe；（g）-2Oe；（h）-10Oe

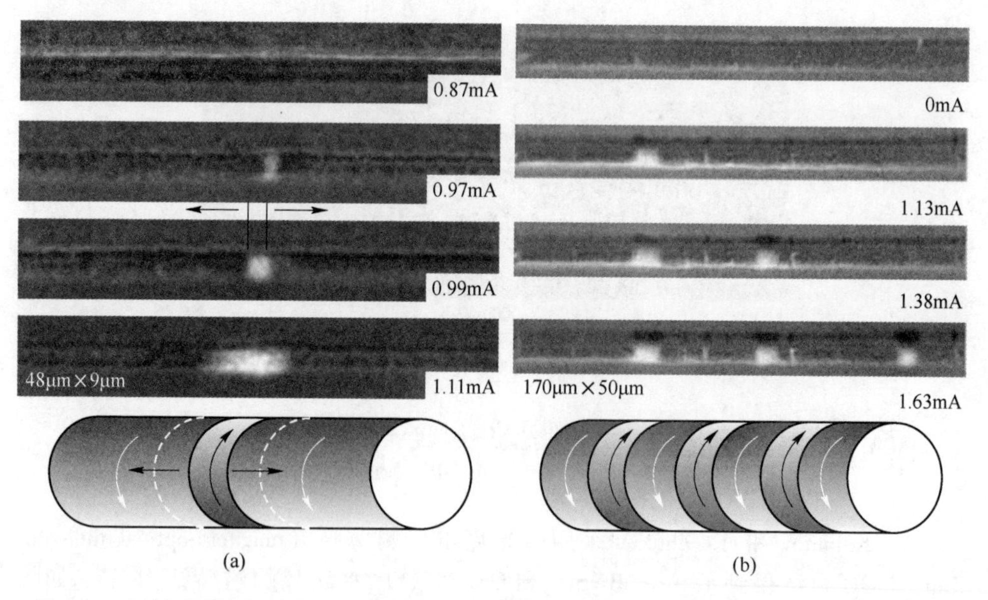

图 1-10　极性磁光克尔效应法（P-MOKE）观察 $Co_{67}Fe_{3.85}Ni_{1.45}B_{11.5}Si_{14.5}Mo_{1.7}$ 基玻璃包裹丝不同周向磁场激励的周向磁畴

（a）单畴形成与演变；（b）多畴形成与演变[70]

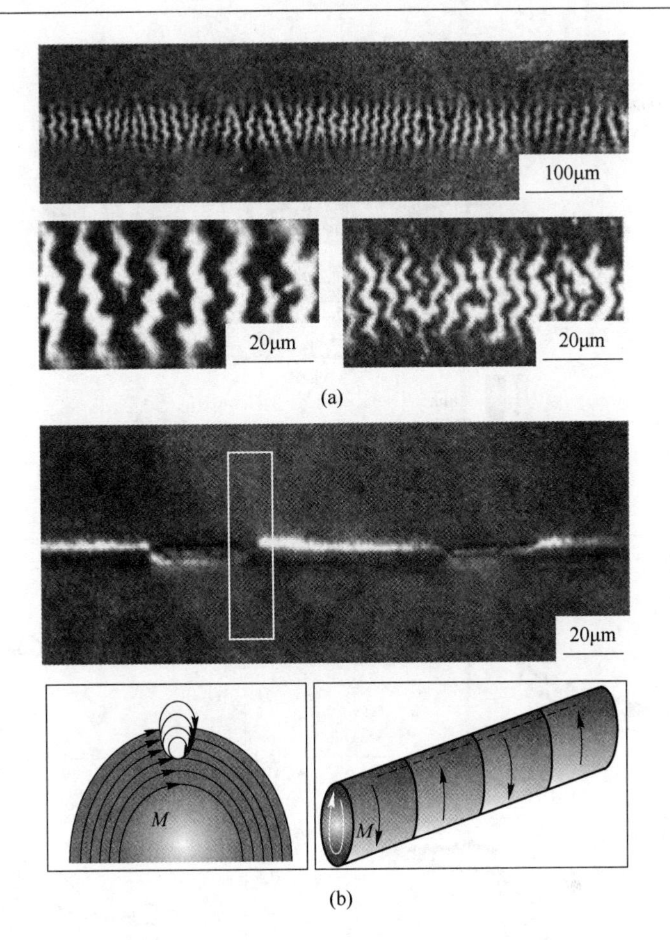

图 1-11 磁光克尔探测薄膜（MOIF）法得到水纺丝的磁畴结构
（a）Fe 基丝；（b）Co 基丝[71]

由以上实验得到的磁畴结构可以推出，不同的观测方法得到不同的磁畴结构，并没有达成一致的结论。但随着磁畴观测手段的进步，得到的磁畴将更加准确。一方面由于对熔体抽拉微丝研究相对较少，另一方面可能源于测量精度的差别，其磁畴结构尚待确定。由于本书将采用磁力显微镜（magnetic force microscope，MFM）对熔体抽拉非晶微丝表面畴进行观测，该方法精度相对高，适合于探测表面平滑、尺寸小的铁磁性材料的表面畴结构[72-73]。同时目前也尚未建立非晶微丝表面磁畴结构与 GMI 效应的对应关系的同步观测与表征研究。

在理论模型方面，N. Usov 等人理论推导出玻璃包裹丝的竹节状磁畴结构[75]，其结果得到 A. ChiZhik 等人实验的证实[76]，如图 1-12 所示。D. X. Chen 等人理论推导出了微丝的“芯-壳”磁畴结构[77]。图 1-13 为非晶丝芯-壳磁畴结构示意图[1]，即为目前普遍认可的非晶微丝磁畴结构，其壳层部分易磁化方向为沿圆周方向，芯部易磁化方向为丝材的轴向。

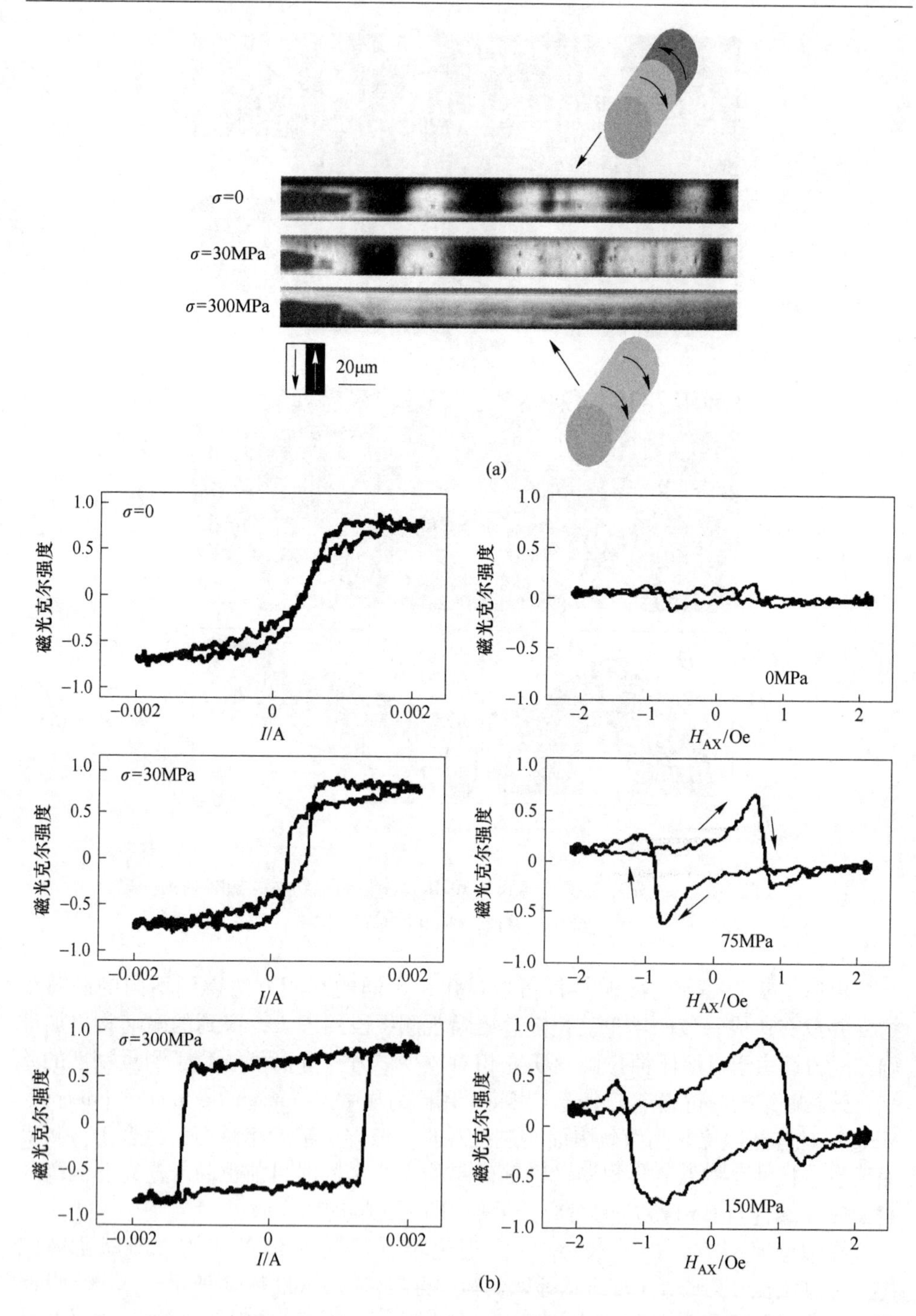

图 1-12　磁光克尔效应方法得到的 Co 基玻璃包裹非晶丝磁畴结构

(1Oe = 79.5775A/m)

(a) 横向不同拉应力作用的畴结构；(b) 轴向不同拉应力下的磁化曲线[76]

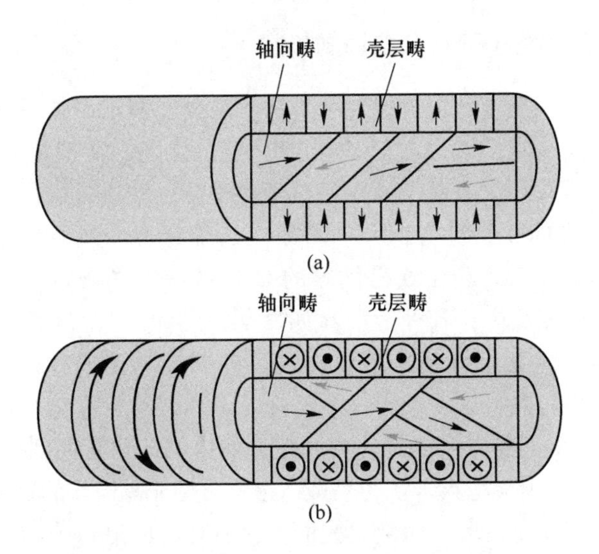

图1-13　非晶芯部轴向畴（axial domain）和壳层畴（shell domain）示意图
（a）正磁致伸缩系数Fe基非晶丝；（b）负或近零磁致伸缩系数Co基非晶丝[1]

基于上述讨论，对熔体抽拉丝磁畴结构研究尚处于空缺，其具有怎样的磁畴仍不清楚，因此，有必要对熔体抽拉丝进行磁畴方面观测与理论研究。

1.4　非晶微丝磁畴结构与GMI效应的相关性

微丝GMI效应受到磁畴结构的影响，GMI性能的提高主要是改变其磁畴结构，以提高对外磁场响应的敏感性。通过外加环向磁场沿易磁化方向调控磁畴的分布，有效调整表面环向磁畴的形核与转动，进而改善GMI效应。因此环向分布的磁畴结构有利于获得优异GMI效应的观点，目前在业界获得了较为广泛的认同[1]。欲使丝材表面具有环向分布的磁畴结构，须通过一定的调制处理方法对微米丝磁畴结构加以调控。前些年，国内、国际上多个研究团队对熔体抽拉丝、玻璃包裹丝等进行了多种形式热处理调制工艺（真空退火、磁场退火、电流退火、应力退火、激光退火等）的探索性研究[1,78-79]。

同时，对内圆水纺丝和玻璃包裹丝的磁畴进行观测，获得了大量有价值的研究结果，显示了调制处理的有效性和技术可行性。总之，作为微型化磁敏传感器应用方面的高性能敏感元材料，磁性微米丝已经显示了非常好的应用潜力，但仍存在基础理论上的盲区和技术上的瓶颈。就该技术领域总体框架而言，关于磁性微丝的调制处理、磁畴的结构特征及GMI效应的改善途径等问题，当属此领域的最核心内容。围绕这三个方面尽管已经取得了前述的许多重要结果，但还有一些基本问题和事实仍有待于进一步研究和澄清。

1.4.1　关于磁性微丝的 GMI 效应调制机制

各种磁性微丝，不论是来自旋转水纺法、玻璃包覆法，还是熔体抽拉法，其制备态丝材均须经一定的调制处理以改善其磁学性能，特别是 GMI 特性，才能满足磁敏传感器的需求。但迄今为止，关于各种调制方法是通过怎样的“调制机制”才形成优异的 GMI 特性方面，一直缺乏清晰合理的解释。如目前多数学者认同“环向分布的磁畴有利于获得优异的 GMI 效应”的观点，然而在众多的单一或复合调制处理方法中，各种因素（如真空、磁场、电流电场、焦耳热、应力乃至激光辐照等）究竟怎样起作用而促进环向磁畴的形成并改善 GMI 效应的，目前还难以说清楚。揭示这一机制，不仅可以深入理解 GMI 效应的形成本质，还可以在应用层面上对调制方法的优化和新型调制方法的建立起到指导作用。例如，现有的调制方法中，电流退火被认为是最适合于磁性非晶微丝的处理方式之一[80]。

因电流会产生环向磁场，而微丝表面又具有环向的磁畴分布，因此人们自然会联想到，这种环向磁畴结构似乎应该是来自电流产生的环向电磁场的作用。显然这是一个缺乏实验证实的似是而非的看法，要澄清和明晰这一问题必须通过进一步的试验加以研究。

再者，从磁畴本身属性来说，材料表面结构状态的改变也会影响到磁畴的分布。如在微丝表面进行微机械或微电化学处理，则势必影响环状磁畴的形成和分布，进而影响 GMI 特性。以往的研究工作虽然有关于微丝长度、直径、截面圆整度等方面对 GMI 效应影响的研究报道，但并未见对丝材表面或表层采取处理手段，从而改善 GMI 性能的研究和报道。所以如能通过对微丝表层进行处理，甚至在微米尺度范围实现微机械或微电镀等处理，改变表面形状与磁性能，从而影响到其环向磁畴结构和分布，进而改善其 GMI 效应，则此种思路也属“调制处理”范畴。倘如此，此种调制机制与电流调制情况则有所不同，因此也值得与电流调制相对照并深入研究。

1.4.2　关于磁畴结构及与 GMI 效应的对应关系

在 1994 年，L. V. Panina[81] 等人就给出了 FeCoSiB 非晶丝的“芯-壳”结构磁畴模型，并对其进行磁场退火，得到了不同的磁化曲线和 GMI 效应相对应，如图 1-14 所示。其结果说明了后处理不仅改变非晶丝的磁畴结构，同时也对 GMI 产生了重要的影响。

因此，可通过各种处理工艺对微丝的磁畴结构进行调制，同样改变 GMI 效应，以便于传感器的开发与应用。这就使人想到对 GMI 特性、磁畴结构与处理工艺的相关性问题的深入研究。

然而，当前的研究工作未能实现对磁畴结构的同步观测与表征，也没能将其

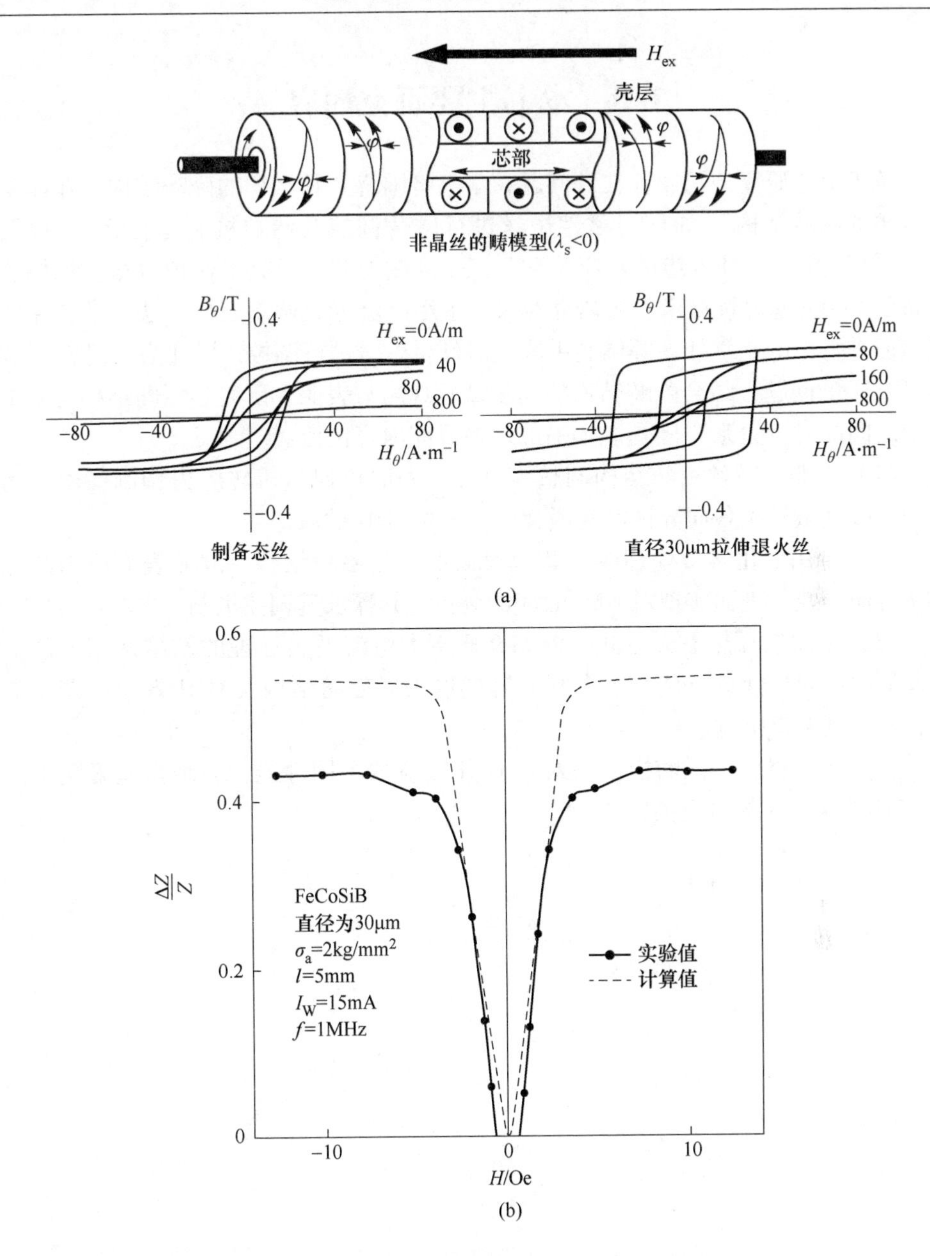

图1-14 FeCoSiB非晶丝磁畴模型与GMI对应关系

(1Oe=79.5775A/m)

(a) 拉伸退火前后磁化曲线；(b) 拉伸后GMI效应计算值与实验值符合情况[81]

与GMI效应的优劣对应起来。同时也缺乏从调整磁畴结构入手的调制工艺优化研究工作。而作为这些工作的基础，有关“调制处理工艺”与“磁畴结构”及“GMI效应”三者之间对应关系的建立则显得尤为必要。

1.5 本书主要研究内容

基于上述研究现状和存在的问题，本书将围绕“什么样的磁畴结构是非晶微丝理想的磁畴结构”“如何对磁性微丝进行磁畴调控及调控机制是什么”，以及“磁畴结构及与GMI效应的对应关系”三个问题展开。研究工作拟以熔体抽拉法制备的Co-Fe基磁性微米丝为研究对象，采用电流退火调制处理方法，结合在丝材表面进行微电化学处理等调制手段，对丝材磁畴进行调控，以此为据研究“调制机制”的问题；结合磁畴结构的同步试验观测与表征，研究“磁畴结构与GMI效应之间的对应关系”问题。本书的主要研究内容包括：

（1）以非晶微丝磁畴结构调整为目标，采取拉伸与扭转应力调制微丝的畴结构，改变微丝磁各向异性能与磁弹能，改善GMI效应。

（2）采用电化学微处理改善微丝表面形态与磁畴结构，改变表面应力状态与磁各向异性，进而实现对GMI效应的调控，并探求其调控机制。

（3）采用焦耳热退火方式，液态介质下大电流退火处理的新型调制方法对微丝周向各向异性进行调制，考察焦耳热退火对磁畴结构及GMI效应的调制效果，研究其调控机制。

（4）建立微丝的磁畴模型并对应GMI效应的不同性能，明晰微丝磁畴结构与GMI效应之间的对应关系。

2　实验材料及研究方法

2.1　实验材料及制备方法

非晶微丝的获得需经过两个过程。

（1）将高纯原料 Co（99.9%）、Fe（99.99%）、Si（99.99%）、B（99.7%）、Nb(99.99%)和 Cu(99.99%)按照一定原子百分比、质量(40～80g)置于磁控钨极真空电弧熔炼炉中，先后开启机械泵与分子泵，当真空度达到 6.0×10^{-3}Pa 时，充入少量高纯 Ar 气(99.97%)保护钨极起弧,检查钨极与料的距离(0.8～1.0mm)，开始引弧，熔炼腔体内 Ti 锭 120s 以除去残留的稀薄的 O_2 等杂质。随后，调节钨极并调节电流熔炼母合金，反复熔炼保证材料全部融化且合金成分均匀后，利用吸铸法将合金熔体吸住到 $\phi=8$mm 的铜模内，制备成合金棒材，设备如图 2-1 所示。

(a)

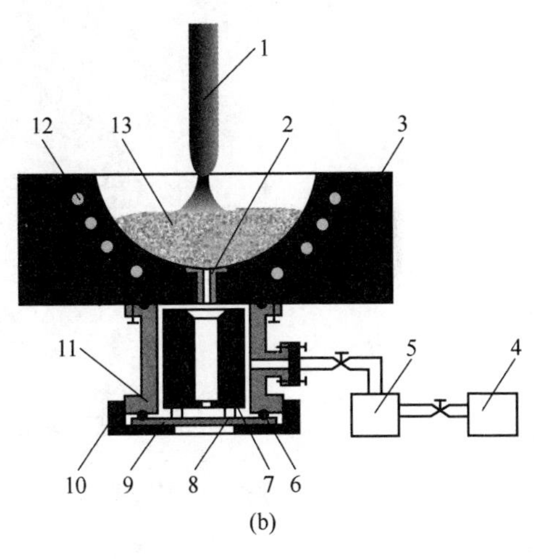

(b)

图 2-1　磁控钨极电弧炉设备图（a）与原理示意图（b）

1—钨极；2—石墨管；3—Cu 坩埚；4—机械泵；5—分子泵；6—密封圈；7—模具；
8—支撑架；9—垫片；10—托盘；11—真空腔；12—感应线圈；13—熔炼合金

（2）将合金棒材置于感性线圈螺旋缠绕的 B-N 坩埚内，调节好坩埚与楔形辊轮的距离。保证腔体的真空度后，启动金属辊轮，优化辊轮转动速度在 1800rad/min 左右，调节感应电源控制熔池温度高于合金熔点温度 T_m（1050℃）约 50℃。待合金完全融化、熔体呈突起形状且熔池稳定后，启动熔池进给程序在 5～30μm/s，并准备收丝。楔形辊轮的尖部蘸取熔池中突起的合金溶液迅速转动，在离心力的作用下，溶液脱离辊轮，利用其自身的表面张力与重力圆化成丝。图 2-2 为熔体抽拉法制备微丝设备图。图 2-3 给出了熔体抽拉法得到 $Co_{68.15}Fe_{4.35}Si_{12.25}B_{15.25-m-n}Nb_mCu_n$ 丝材。

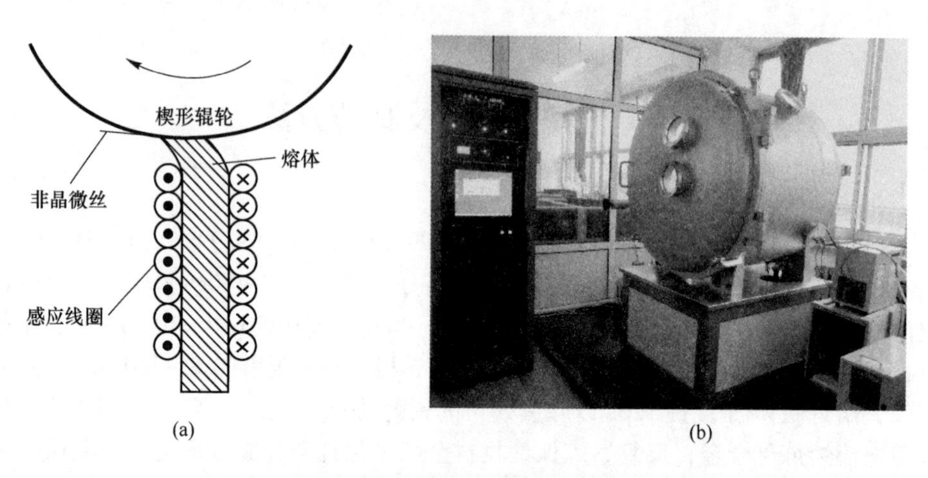

图 2-2　熔体抽拉法制备微丝设备熔体抽拉示意图（a）与熔体抽拉设备图（b）

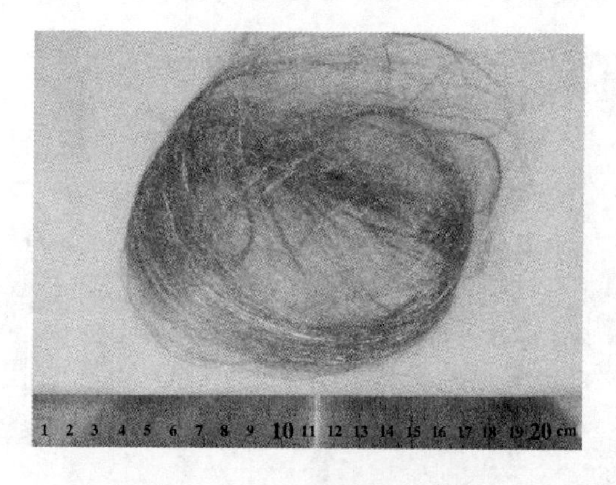

图 2-3　熔体抽拉 $Co_{68.15}Fe_{4.35}Si_{12.25}B_{11.25}Nb_2Cu_2$ 非晶微丝

2.2　组织结构表征

2.2.1　X 射线衍射（XRD）分析

利用 Empyrean 锐影 X 射线衍射仪对微丝进行物相分析，采用 Cu 靶 Kα 射线为 X 射线源，波长为 0.154184nm，最大功率为 2.2kW。微丝的扫描范围为 20°～100°。扫描速度为 5(°)/min。

2.2.2 扫描电子显微镜（SEM）分析

扫描电子显微镜（scanning electron microscope，SEM）测试采用冷场发射扫描电子显微镜 S-4700 和 S-570 获得高的分辨率和放大倍数的断口和形貌图像，S-4700 配置 X 射线能谱仪（energy dispersive spectrometer，EDS）和 YAG 背散射电子探测器附件，便于微区成分的定性和定量分析，也可分析元素沿直线上的浓度变化，还可分析元素在区域内的浓度分布。加速电压为 30kV，二次电子像分辨率为 1.5nm（15kV）。

2.2.3 透射电子显微镜（TEM）分析

透射电子显微镜（transmission electron microscope，TEM）采用荷兰飞利浦公司 CM12 显微镜，配以主要附件 CCD 数字成像系统，X 射线能谱仪（EDS）可实现材料微观组织形貌、晶体结构和微区成分的同位分析。加速电压为 120kV，点分辨率为 0.34nm。利用高分辨图像可得到微丝的微区组织及其退火前后的微结构。

本书获得的透射样品主要采用离子减薄方式。莱卡公司离子减薄仪 RES101 的离子束能量为 0.8～10keV，研磨角为 0～90°，该设备除了具有离子减薄的功能外，还具有表面离子镀膜、样品表面蚀刻的功能，可用于 SEM 和 TEM 样品表面导电处理和 EBSD 样品表面抛光。

2.2.4 差热分析（DTA）

差热分析（differential thermal analysis，DTA）采用瑞士 Mettler-Toledo 公司 TGA/SDTA851e 的差热分析附件，实验温度范围为 25～1500℃，升温速率为 20℃/min，测试样品 5～15mg，可得到微丝的玻璃转变温度 T_g、晶化温度 T_x 及熔点 T_m 等热力学参量。

2.3 电化学处理分析

2.3.1 电镀 Ni 工艺

书中将对 Co-Fe 基非晶微丝等间距环向电镀与螺旋微电镀 Ni，电镀 Ni 参数设置为：温度 55℃，电流大小为 10mA，电压为 1.6～1.7V。电镀 Ni 工艺参数见表 2-1。电镀前需要对微丝进行表面处理，超声与烘干处理；合理调节电流密度降低电镀速度，以保证镀层表面质量，调节电镀时间，获得不同镀层厚度，结合其他磁性能进行分析。

表 2-1　电镀 Ni 工艺参数

工艺	硫酸镍质量 /g	氯化镍质量 /g	氯化钠质量 /g	硼酸质量 /g	十二烷基硫酸钠质量 /g	温度 /℃	pH 值
镀镍	300	50		40	0.1	44～60	2～4.5

2.3.2　等间距与螺旋电镀设计原理

不同于常规电镀，等间距与螺旋电镀 Ni 前，需进行预处理。等间距电镀前期需将微丝表面用胶体涂抹，胶体宽度与间距均约 2mm。

同样，螺旋电镀前也需要表面处理，进行胶体的螺旋式缠绕，间距为 50～200μm；示意图如图 2-4 所示，微丝在卡具的带动下匀速并旋转移动，胶体呈丝状向下流动，黏附于微丝表面，旋转的微丝表面便呈现螺旋状的胶体，待凝固后，置于电镀液中进行电镀。胶体附着的微丝被隔离开，而裸露的微丝则逐渐镀上 Ni 层。该方法也可实现螺旋式电解抛光。其中，电镀 Ni 工艺参数见表 2-1。

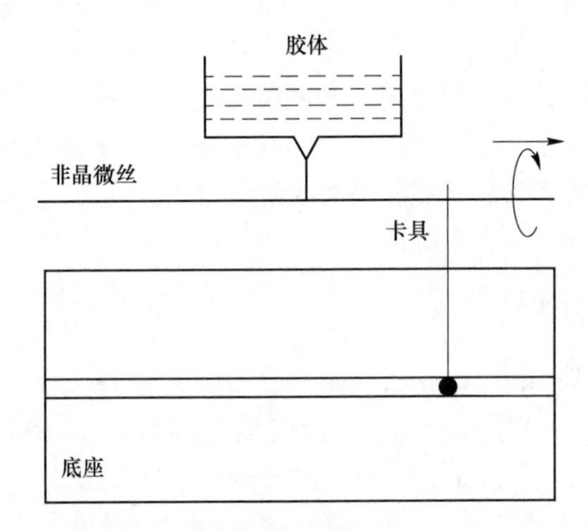

图 2-4　微丝螺旋电镀预处理装置示意图

2.3.3　电解抛光工艺

电解抛光工艺参数见表 2-2。

表 2-2　电解抛光工艺参数

工 艺 参 数	数值	其 他 参 数
Cu 片		阴极：Cu，纯度 99.99%
Co 基微丝长度/mm	22	阳极：电解样品
微丝直径/μm	35	电解电源（DC）：4～30V

续表 2-2

工 艺 参 数	数值	其 他 参 数
磷酸（$\rho=1.8434$g/mL）体积分数/%	80	温度：40～45℃
CrO_3 体积分数/%	15	电流密度：1～2A/cm^2

2.4 磁性能分析

2.4.1 软磁性能分析

采用美国 Quantum Design 公司磁学测量系统（magnetic property measurement system，MPMS），如图 2-5 所示。MPMS 系统磁学测量精度可达 10^{-12}A · m^2，其超导磁体提供最高 7T 的外加磁场。磁性微丝 VSM 测试时，需要将微丝剪成长度小于 6mm，并封装于直径 $\phi<3$mm 的塑料管中，保持微丝排列的一致性，固定并密封，平行固定于样品把持杆腔体内，选定测试参数，进行测试。获得制备态与退火态的饱和磁化强度 M_s、矫顽力 H_c、磁导率 μ 和剩磁 B_r、居里温度 T_c 等性能参数。

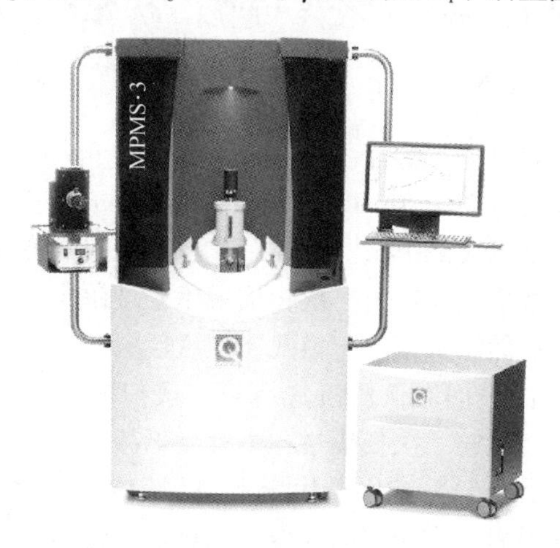

图 2-5 磁学测量系统（MPMS）

2.4.2 巨磁阻抗效应分析

图 2-6 为安捷伦 Agilent4294A 精密阻抗分析仪及阻抗效应基本原理。采用安捷伦 Agilent4294A 精密阻抗分析仪及其配套的亥姆霍兹（Helmholtz）线圈及零磁场屏蔽标定测试系统等组成的综合测试平台对不同调制处理状态、表面特殊形式处理和不同连接与排布形式的磁性微丝的 GMI 特性进行测试；测试频率范围为 40～110MHz，具有 ±0.08% 的基本阻抗精度。测试前需对线路补偿校准，测试时外加轴向磁场最大值为 100Oe（1Oe = 79.5775A/m），交流电流激励频率幅值

为 10/20mA；标记频率 10MHz。设备及原理如图 2-6 所示。

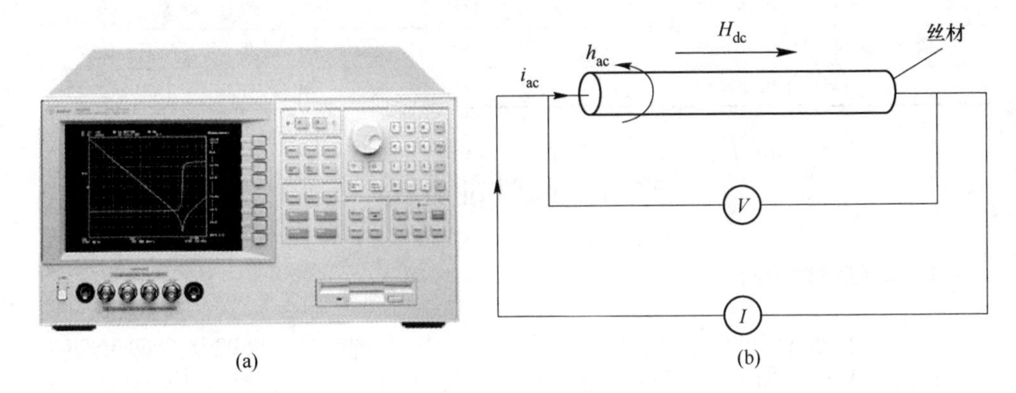

图 2-6　Agilent4294A 精密阻抗分析仪（a）与巨磁阻抗效应测量基本原理（b）

阻抗的两个定义式：

$$\Delta Z/Z_0 = (Z(H_{ex}) - Z_0)/Z_0 \times 100\%, \quad \xi = 2\Delta(\Delta Z/Z_0)/\Delta H_{ex} \tag{2-1}$$

$$\Delta Z/Z_{max} = (Z(H_{ex}) - Z_{max})/Z_{max} \times 100\%, \quad \xi = 2\Delta(\Delta Z/Z_{max})/\Delta H_{ex} \tag{2-2}$$

2.4.3　磁畴结构测试分析

微丝的磁畴结构观测采用原子力显微镜（atomic force microscope，AFM）中配置的磁力模块、磁力显微镜（magnetic force microscope，MFM）来实现。

如图 2-7 所示磁力模式采用磁性探针对样品表面扫描检测，检测时，对样品表面的每一行都进行两次扫描：第一次扫描采用轻敲模式，得到样品在这一行的高低起伏并记录下来；然后采用抬起模式，让磁性探针抬起一定的高度（通常为 20～200nm），并按样品表面起伏轨迹进行第二次扫描，由于探针被抬起且按样品表面起伏轨迹扫描，故第二次扫描过程中针尖不接触样品表面（不存在针尖与样品间原子的短程斥力）且与其保持恒定距离（消除了样品表面形貌的影响），磁性探针因受到长程磁力的作用而引起振幅和相位变化，因此，将第二次扫描中探针的振幅和相位变化记录下来，就能得到样品表面漏磁场的精细梯度，从而得到样品的磁畴结构。一般而言，相对于磁性探针的振幅，其振动相位对样品表面磁场变化更敏感，因此，相移与振幅成像技术是磁力显微镜的重要方法，其结果的分辨率更高、细节也更丰富。

（1）在样品表面扫描，得到样品的表面形貌信息，这个过程与在轻敲模式中成像一样；

（2）探针回到当前行扫描的开始点，增加探针与样品之间的距离（即抬起一定的高度），根据第一次扫描得到的样品形貌，始终保持探针与样品之间的距离，进行第二次扫描。在这个阶段，可以通过探针悬臂振动的振幅和相位的变

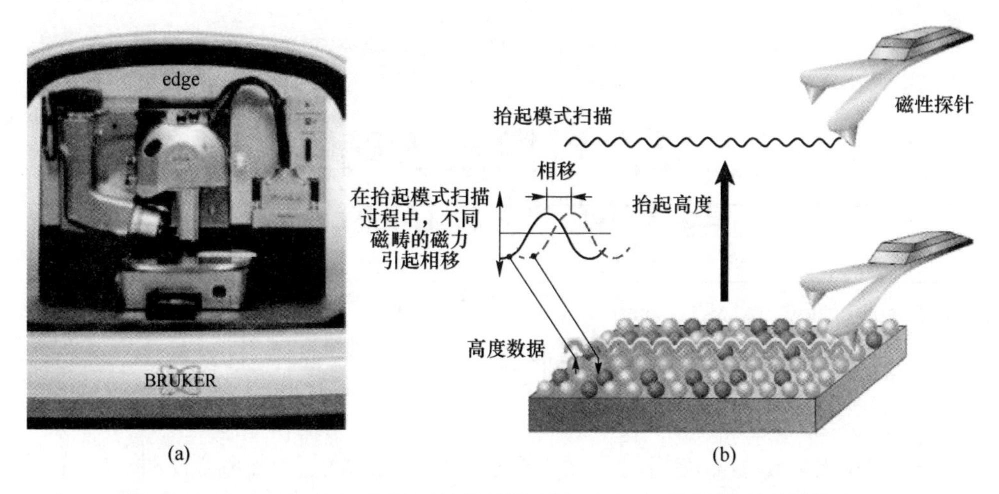

图 2-7 Dimension Edge 扫描探针显微镜系统（a）与磁力测试原理图（b）

化，得到相应的长程力的图像；

（3）在抬起模式中，必须根据所要测量的力的性质选择相应的探针。

与其他磁成像技术比较，磁力显微镜（MFM）具有分辨率高、可在大气中工作、不破坏样品而且不需要特殊的样品制备等优点。

静电力显微镜（electrostatic force microscopy，EFM）和磁力显微镜（MFM）原理相似，它采用导电探针以抬起模式进行扫描。由于样品上方电场梯度的存在，探针与样品表面电场之间的静电力会引起探针微悬臂共振频率的变化，从而导致其振幅和相位的变化。如图 2-8 所示磁力探针，其针尖表层包裹一层 Co/Cr 导电的反射层，悬臂的长短与图层磁矩高低的选择可根据测试（不用测试样品的磁性）来选择。

图 2-8 磁力探针实物图

3 应力对微丝磁畴结构与GMI性能的影响

3.1 引　　言

从GMI效应传感器应用的角度，在设计和制备微丝传感元器件时，往往不可避免地使磁性材料处于拉伸或扭转等应力状态。磁性材料若应用在微型化磁敏传感器上，较小的拉伸或扭转应力会引起元器件软磁性能的较大改变，伴随着磁性材料的磁各向异性能、磁弹性能等的变化，其磁畴结构重新分布，进而影响其他物理性能（如MI效应）和应用性能。基于此，学者们采用改变软磁材料应力状态的方式来调节磁弹性能，降低静磁能，使磁性材料形成稳定的磁畴结构，便于GMI性能的提高[82-83]；同时也在退火过程中施加应力以改善GMI性能[84-89]。对于正磁致伸缩系数的Fe基和负磁致伸缩系数的Co基丝材，磁弹性能是决定软磁性能的主要因素，这种材料在外磁场磁化时，会产生磁致伸缩效应。V. Zhukova等人[90]研究了Co基水纺丝在拉应力作用下的磁化过程与矫顽力等性能随丝材长度变化关系。基于此性能，非晶丝材也应用于应力传感器和转矩传感器件的开发。然而，其GMI性能却不理想。D. Seddaoui等人[91]发现了近零磁致伸缩熔体抽拉微丝在拉应力作用下对MI输入电压信号的二次谐波响应灵敏。C. Garcia等人[92]研究了Co-Fe基玻璃包裹丝的阻抗比值$\Delta Z/Z$随拉伸应力的变化，同时得到了微丝的磁各向异性场H_k与拉应力σ的函数关系。在研究拉伸应力对磁性材料GMI性能改善方面，J. Gonzalez等人[93]认为，只有施加一定大小的拉应力（60MPa）时，Co基玻璃包裹非晶丝的GMI效应才稍有增强，但幅度很小。而K. Mandal等人[94]对Co基玻璃包裹丝研究却得到最大阻抗变化率随拉应力升高而逐渐减小。G. V. Kurlyandskaya和M. Vázquez[95]等人研究了应力退火对Co-Fe基非晶带的GMI性能、感生磁各向异性场及磁畴结构的影响，发现了应力退火感生出横向磁各向异性场，同时发现了GMI响应滞后现象。Co-Fe微丝在掺入少量Nb、Cu后，其软磁性能更好[45]，其中Nb原子的掺入有助于非晶形成能力提高，Cu原子则有助于纳米晶的形成。软磁性能的改善使微丝磁畴对外应力更加敏感。$Co_{68.15}Fe_{4.35}Si_{12.25}B_{13.25}Nb_1Cu_1$非晶微丝一方面具有更高的磁敏特性，另一方面，甚至在纳米晶尺度上的微结构也将更易受到应力的影响。由此得到不同微丝的GMI效应对施加的应力（拉伸或扭转）的敏感性，使其能用于开发巨应力阻抗（giant stress-impedance，GSI）传感器[96-98]。为了提高 Co 基非晶丝 GMI 效应[99-100]，并获得 GMI 效应与磁畴结构对应关系，本章尝试在拉应力与扭转应力作用下获得熔体抽拉微丝的磁畴结构与 GMI 效应，力图进一步揭示不同应力状态对磁畴状态与 GMI 性能的影响。

3.2　拉应力下 GMI 性能和磁畴结构

本节将研究熔体抽拉微丝在不同拉伸状态下的磁畴结构与 GMI 效应，为了能够更清楚地获得应力与 MI 的关系，最大拉伸应力为 1018.6MPa。微丝并未在该值下发生折断现象，由此可对应得到该应力状态下的磁畴观测结果。

3.2.1　实验方法

选取直径为 35μm 熔体抽拉 $Co_{68.15}Fe_{4.35}Si_{12.25}B_{13.25}Nb_1Cu_1$ 非晶微丝，一端固定在电路板连接端点，便于阻抗性能测试，另一端系于不同质量的砝码，提供拉伸应力源。阻抗测试时，保证砝码一端微丝竖直向下、处于拉伸状态，连入电路中微丝长度为 18mm，激励电流幅值为 20mA，标记频率为 10MHz；阻抗比值定义为：

$$\Delta Z/Z_{max}=(Z(H)-Z(H_{max}))/Z(H_{max})\times 100\% \tag{3-1}$$

场响应灵敏度 ξ 为：

$$\xi=\Delta(\Delta Z/Z_{max})/\Delta H\times 100\% \tag{3-2}$$

3.2.2　拉应力下 Co 基微丝的 GMI 性能

拉伸应力对微丝的电阻值也产生一定的影响。图 3-1 为外磁场为 0 时，不同拉伸状态下电阻值随测试频率变化曲线。

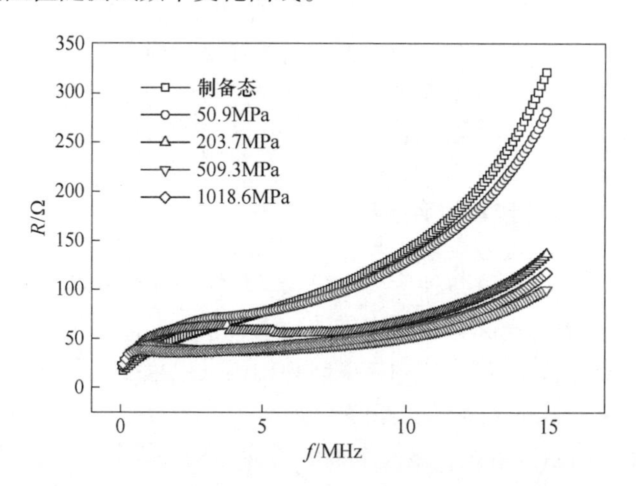

图 3-1　微丝制备态（as-cast state）和不同拉应力下电阻随频率变化曲线

由图3-1可见，在0～15MHz频率范围内，相对于制备态时，每个拉伸状态下的电阻R值均呈现先增大后变小的趋势，但整体均小于制备态时电阻值。由此可以判断，在没有外场作用时，外应力不仅改变了微丝的应力分布，同样改变了微结构，影响阻抗比值。

图3-2给出了制备态和拉伸应力在50～1018.6MPa的阻抗$\Delta Z/Z$比值随外加磁场变化的曲线，可以看出，阻抗比值随着拉伸应力的增大呈先增大后变小的趋势，其最高比值$(\Delta Z/Z)_{max}$对应的激励频率随着拉伸应力的提高而由3MHz逐渐增至6MHz，并且阻抗比值在正磁场激励下由制备态的曲线单调下降变为出现了上升峰。拉伸后，阻抗性能变化趋势为：拉伸应力为50.9MPa时，相对制备态（$(\Delta Z/Z)_{max}=182.2\%$），阻抗最高比值$(\Delta Z/Z)_{max}$均有所增大，并未出现上升峰。当拉伸应力增至203.7MPa时，曲线出现明显的上升峰，最高比值为223.6%，相对制备态提高了41.4%。此时，对应的峰位为0.3Oe；因此，得到3MHz激励频率的阻抗曲线的响应灵敏度ξ为210.1%/Oe。继续增大拉伸应力至509.3MPa、1018.6MPa时，最高阻抗比值均下降至150%～160%，然而，上升峰位对应的磁场分别增至1.2Oe与4Oe。这说明，极大拉应力作用能够产生较大的周向各向异性场H_k，如图3-3所示；但同时，周向场的产生也阻碍了畴壁的移动，导致周向磁导率降低，从而影响了GMI性能。可见，施加拉应力能够感生出周向各向异性场，并且随拉应力的增大而增大。

随着环向各向异性场的上升，非晶微丝的GMI效应反而下降。这是因为用熔体抽拉法制备非晶微丝的过程中，考虑热量的传导方向，非晶微丝固化将沿着径向进行，应力也沿径向，而材料具有近零磁致伸缩系数，这会使得材料的外壳出现周向易磁化方向；施加拉应力使微丝的周向各向异性增强，反而降低了软磁性能和环向磁导率。根据GMI效应的趋肤效应原理，趋肤深度为$\delta=(\sigma\pi\mu_\varphi f)^{1/2}$，这里$f$为电流频率，$\sigma$为电导率，$\mu_\varphi$为周向磁导率；周向磁导率较低，使得趋肤深度$\delta$较大，而此时外加直流磁场引起的周向磁导率的变化不大，最后导致材料的阻抗Z变化较小，从而导致GMI效应减弱。

3.2.3 拉应力下Co基微丝的畴结构

图3-4给出了制备态、拉伸应力分别为203.7MPa与1028.6MPa的微丝表面形貌及对应的静态磁力图。对于近零磁致伸缩材料，在磁场作用下可以忽略磁致伸缩现象，但是较大拉伸应力作用，磁畴结构仍发生重组。不仅微丝微结构受到影响，通过MFM得到的表面畴也能够给出表征。

如图3-4(a)所示制备态，微丝表面的磁畴结构呈现弱的周向畴结构。此时，对应的周向各向异性较弱，内部残余应力较大；施加拉应力后，为了降低磁弹性

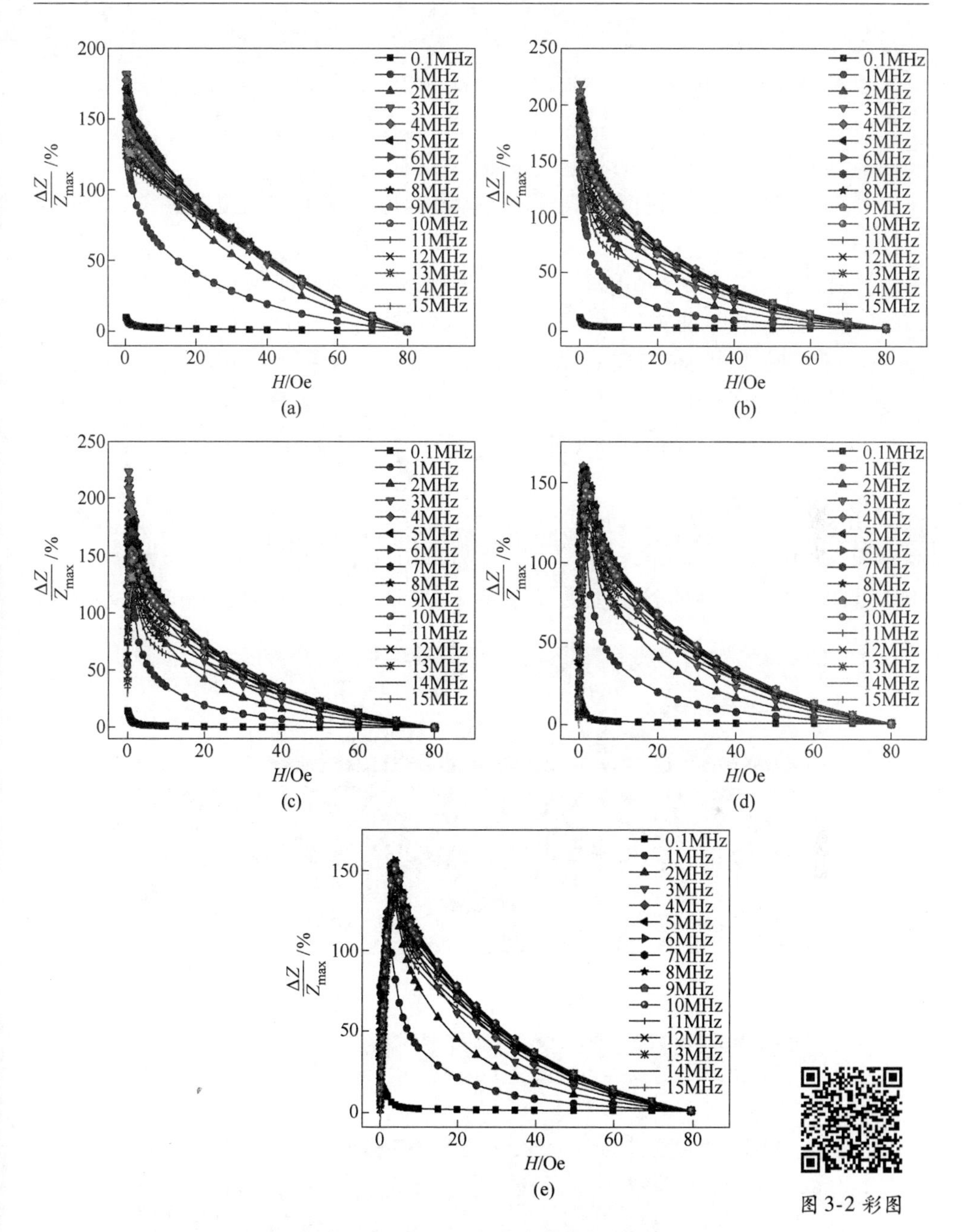

图 3-2 彩图

图 3-2 频率 f 在 0.1 ~ 1MHz 间制备态和不同拉应力下阻抗比值 $\Delta Z/Z_{max}$ 随外磁场变化曲线

(1Oe = 79.5775A/m)

(a) 制备态；(b) 50.9MPa；(c) 203.7MPa；(d) 509.3MPa；(e) 1018.6MPa

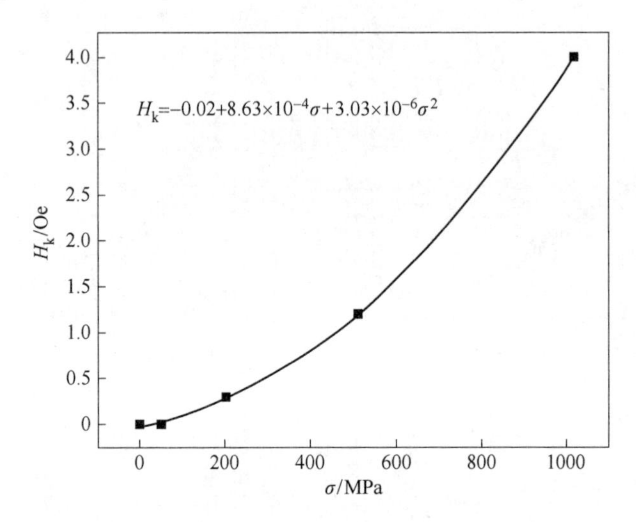

图 3-3　Co 基微丝不同拉应力下等效各向异性场
（1Oe = 79.5775A/m）

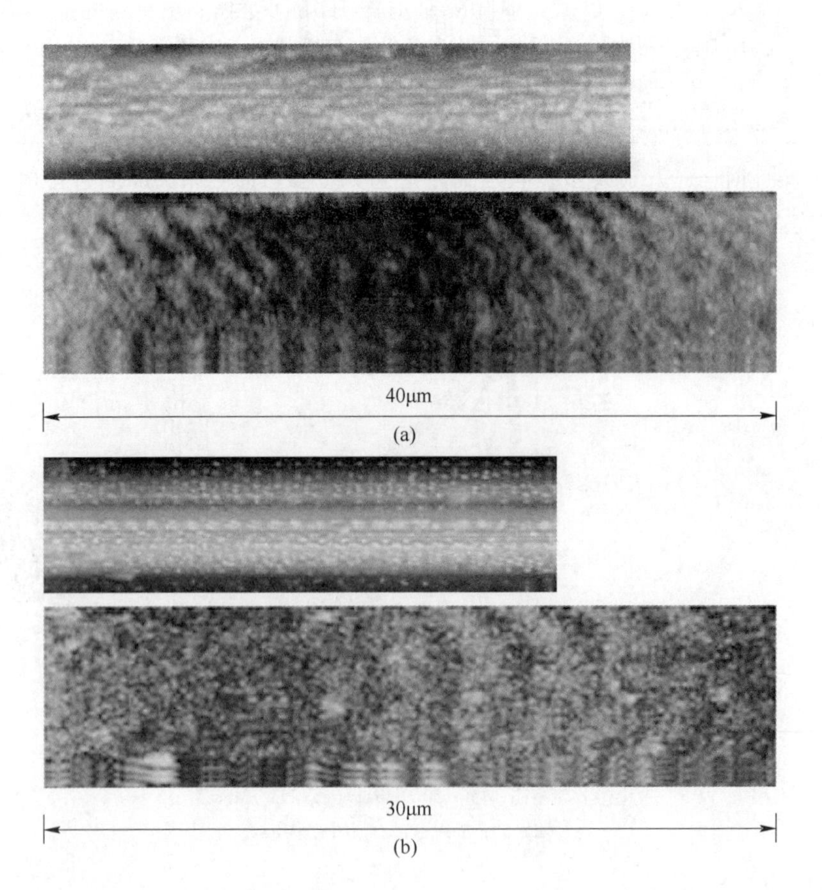

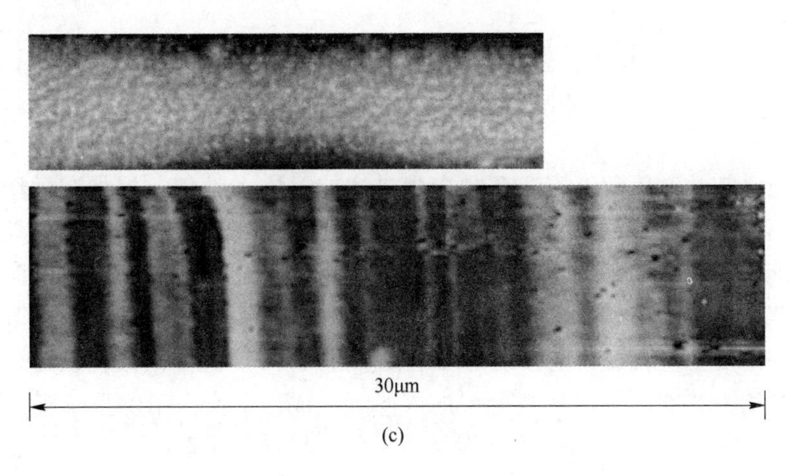

(c)

图 3-4 不同拉应力作用微丝形貌与 MFM 图
(a) 制备态；(b) 203.7MPa；(c) 1028.6MPa

能，周向磁畴体积增加，周向各向异性增强，如图 3-4(b)所示。拉应力退火对 GMI 效应影响主要原因在于磁致伸缩系数小于零；所以，在轴向拉应力作用下，为降低磁弹性能，易磁化方向沿圆周方向的磁畴体积增加，周向各向异性得到增强。

磁畴结构的改变以及圆周各向异性的增强使圆周磁化行为发生改变，微丝内部轴向静磁场相对圆周向磁化的影响也相应变化，使 GMI 效应呈现相应的变化，导致 GMI 曲线峰值对应的 H_k 增加。非晶微丝在施加拉应力时，内部应力分布发生改变，畴结构也发生改变，以保证磁弹性能最小。微丝的磁畴结构取决于磁弹性能、静磁能与交换能共同作用的结果。

磁弹性能与微丝内部应力成正比关系：$E \propto \lambda_s \sigma_i$。（$\lambda_s$为磁致伸缩系数；$\sigma_i$为所受应力），而周向各向异性场 H_k 正比于周向畴壁能 γ[101]。由此有：

$$H_k \propto \gamma \propto (3/2) A \lambda_s (\sigma_a + \sigma_r)^{1/2} \tag{3-3}$$

式中 A——交换能常数；

σ_r——残余内应力；

σ_a——施加拉应力。

因此，施加拉应力时，周向畴壁能增加，周向各向异性场 H_k 增加，周向磁导率提高，GMI 性能提高；施加过大的外加拉应力时，又会导致 H_k 增加过大，由周向畴变为垂直于轴向的带状畴，如图 3-4(c)所示；此时，畴壁能很大，导致高频阻抗测试时动态畴壁移动与磁化转动困难，材料软磁性能变差，GMI 效应降低。

3.3　扭转应力作用对微丝 GMI 性能和磁畴结构的影响

目前已知铁磁性微丝的 GMI 效应中描述的阻抗 Z 性能与施加在微丝的轴向磁场 H_z 和交流电流频率 f 紧密相关[102]。阻抗矢量可表示为电阻与电抗的矢量和形式，即 $Z=R+jX$。在激励频率 f 在 100kHz ~ 20MHz 范围时，GMI 效应主要决定于趋肤深度 δ_m 的变化，而趋肤深度的改变又受到有效磁导率的极大影响，有效磁导率的变化包含磁畴壁移动与磁矩转动过程[103]。近零磁致伸缩的熔体抽拉丝磁畴结构由芯部的轴向畴与壳层的周向畴组成，交换作用能呈螺旋方向[104]。GMI 效应对于软磁材料的磁畴结构与局域各向异性非常敏感，故可通过对 GMI 效应的研究获得材料的磁畴结构与各向异性能。而磁畴结构与各向异性场也因材料所受的扭转应力而改变，引起 GMI 性能的变化，甚至产生新特性。此状态下，GMI 响应的改变则是材料本身各向异性场与施加扭转应力形成螺旋各向异性场共同竞争的结果。因此，扭转应力已用来调制丝材的周向磁化[105]、杨氏模量[106]和 MI 响应[107]。本节将研究 $Co_{68.15}Fe_{4.35}Si_{12.25}B_{13.25}Nb_1Cu_1$ 熔体抽拉微丝在较大扭转应变下，尝试调制微丝的表面畴结构与 GMI 性能，并力图建立相关联系。

3.3.1　实验方法

微丝选取直径为 35μm，阻抗测试采用安捷伦 4294A 阻抗分析仪，测试频率为 100kHz ~ 15MHz，磁电阻、磁电抗和磁阻抗定义式如下：

$$\Delta R/R=(R(H)-R(H_{max}))/R(H_{max})\times 100\% \tag{3-4}$$

$$\Delta X/X=(X(H)-X(H_{max}))/X(H_{max})\times 100\% \tag{3-5}$$

$$\Delta Z/Z=(Z(H)-Z(H_{max}))/Z(H_{max})\times 100\% \tag{3-6}$$

扭转实验中，选取每根 58mm 丝长、扭转应变从制备态增至 204π rad/m。将微丝一端固定，另一端顺时针或逆时针缓缓转动，保证微丝受力均匀。如图 3-5 所示，扭转形变后，选取中间长度为 18mm 连入阻抗测试电路中，阻抗激励电流幅值为 20mA；亥姆赫兹线圈提供轴向外磁场最大值为 80Oe（1Oe = 79.5775A/m）。保证外磁场垂直于地磁场方向，以避免地磁场的干扰。

同时，获得的扭转磁阻抗（torsion magneto-impedance，TMI），$(\Delta Z/Z)_\xi$ 可描述为：在外场 $H=0$ 时，任一扭转形变对应的阻抗值与最大扭转形变阻抗值之差与最大扭转形变阻抗值的比值，表达式：

$$(\Delta Z/Z)_\xi=(Z_{max}(\xi)-Z_{max}(\xi_{max}))/Z_{max}(\xi_{max})\times 100\% \tag{3-7}$$

本实验中，最大扭转形变 $\xi_{max}=204\pi$ rad/m，微丝表面磁畴采用磁力显微镜（MFM）观测。

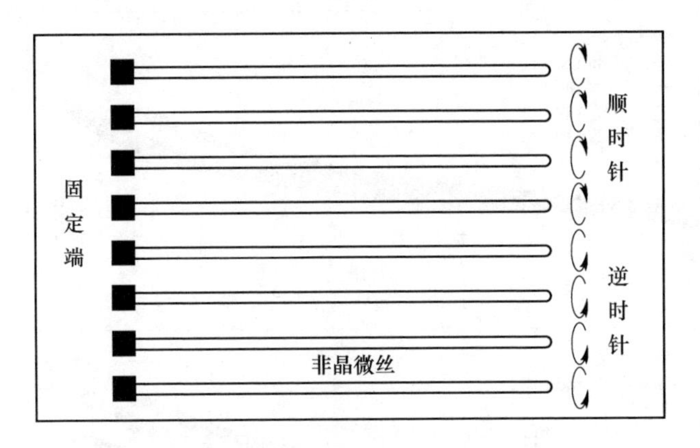

图 3-5 微丝扭转操作示意图

3.3.2 扭转应力对微丝 GMI 性能的影响

现已知电阻 R 和电抗 X 的大小均依赖于周向磁导率 μ_φ 和外磁场 H 的变化，从而影响阻抗 Z 的大小和 GMI 效应[1]。软磁材料为丝状材料，阻抗 Z 的表达式为：

$$Z = R_{dc} ka J_0(ka)/[2J_1(ka)]$$
$$k = (1+i)/\delta_m$$

式中 J_0，J_1——零阶与一阶贝塞尔函数；

δ_m——趋肤深度，$\delta_m = [\rho/(\pi\mu_\varphi f)]^{1/2}$；

a——磁性微丝半径；

ρ——电阻率；

f——电流频率。

由此，给出电阻 R 与电抗 X 的表达式分别为：

$$R = \rho l/[2\pi(a-\delta_m)\delta_m]$$
$$X = 0.175\mu_0 lf\mu_\varphi/\omega$$

式中 μ_0，μ_φ——真空磁导率和平均相对周向磁导率。

图 3-6 给出了在零场下，微丝由制备态增至扭转应变为 204.0π rad/m 过程中，电阻 R、电抗 X 和阻抗 Z 随频率 f 的变化曲线。可以清楚看到，在频率范围为 100kHz ~ 15MHz，由于趋肤效应，电阻 R（见图 3-6(a)）、电抗 X（见图 3-6(b)）和阻抗 Z（见图 3-6(c)）为明显的单调递增曲线。同时，电阻 R、电抗 X 和阻抗 Z 在微丝扭转应变为 40.8π rad/m 时，达到最大值，分别为 477.7Ω、297.1Ω 和 562.5Ω。继续加大扭转应变至 40.8π ~ 204π rad/m，R、X 和 Z 各数值均有所减小。

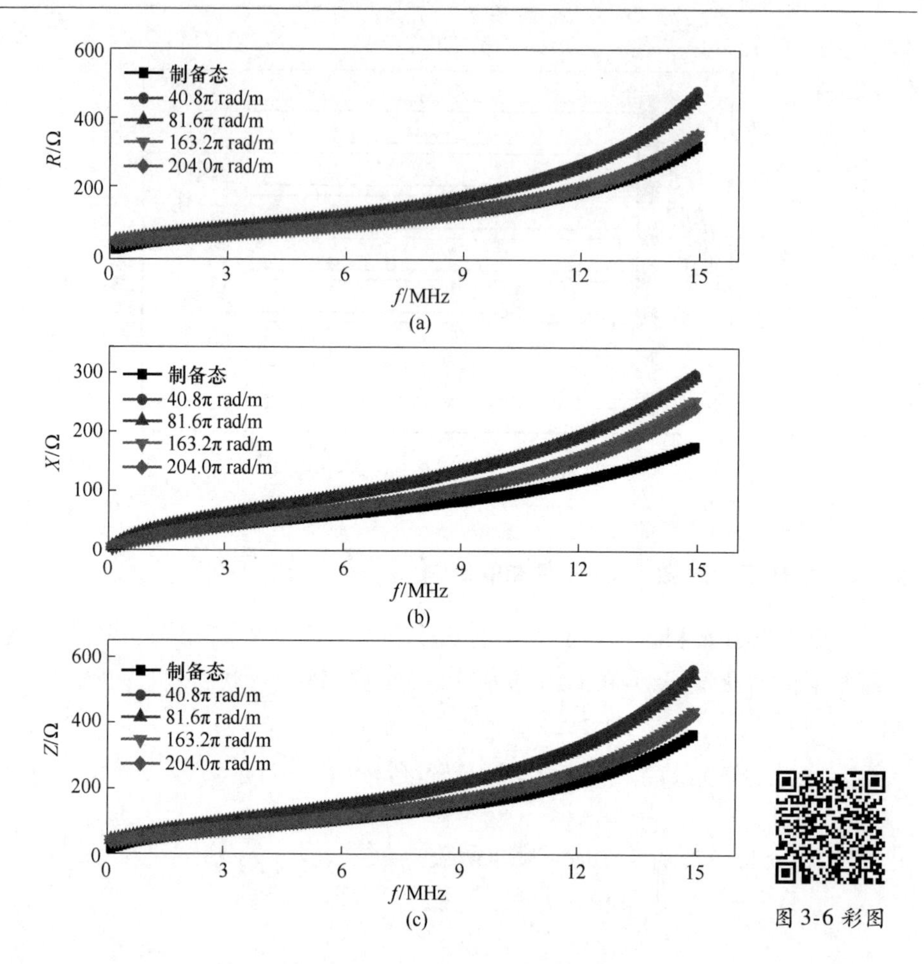

图3-6　微丝电阻 R（a）、电抗 X（b）与阻抗 Z（c）在不同扭转应变下随频率变化关系

除此之外，发现扭转应变为40.8π rad/m 与81.6π rad/m 的微丝的 R、X 和 Z 性能差别不大，而且发现微丝在扭转应变为163.2π rad/m 的 R、X 和 Z 的行为与对应应变为204.0π rad/m 的微丝具有相似特征。其原因为：在中频范围，趋肤效应起主导作用，阻抗 Z 具有频率 f 与周向磁导率的平方根关系，$Z \propto (\omega\mu_{\varphi})^{1/2}$。扭转应变对微丝的影响在一定程度上能够改善周向磁导率 μ_{φ}。因此，扭转状态下微丝的 R、X 和 Z 性能随着频率增加而增加。

图3-7 给出了在频率为15MHz 时，扭转应变从制备态至204.0π rad/m 对应的磁电阻 $\Delta R/R$（见图3-7(a)）、磁电抗 $\Delta X/X$（见图3-7(b)）和磁阻抗 $\Delta Z/Z$（见图3-7(c)）比值随激励磁场的变化曲线。不同于 $\Delta R/R$ 和 $\Delta Z/Z$ 行为，$\Delta X/X$ 曲线出现了上升峰。在扭转应变从40.8π rad/m 至204.0π rad/m 过程中，峰位对应在0.4～0.7Oe。该扭转状态下的应力极大地改变了周向磁导率。此外，微

丝的这种电抗响应可能源于两种磁化过程：畴壁移动与钉扎畴壁的变形结果。在图 3-7(c)中得出，阻抗比值 $\Delta Z/Z$ 呈现了先变大 $\xi=40.8\pi$ rad/m 后变小的趋势 $\xi=204.0\pi$ rad/m；图中放大插图给出了频率为 15MHz 时，阻抗峰值 $(\Delta Z/Z)_{max}$ 由制备态的 116.2% 增加到扭转应变 $\xi=40.8\pi$ rad/m 的 194.4%。这种显著提高的比值可能由于扭转调制了微丝的表面畴结构与应力的释放。Chen 等人[41]认为具有单峰阻抗效应的微丝具有小且均匀的各向异性。同时，大的周向磁导率有助于获得高的 GMI 比值和周向畴结构[104]。因此，能够通过调制表面畴结构来提高周向磁导率 μ_φ 与磁阻抗 Z 值。

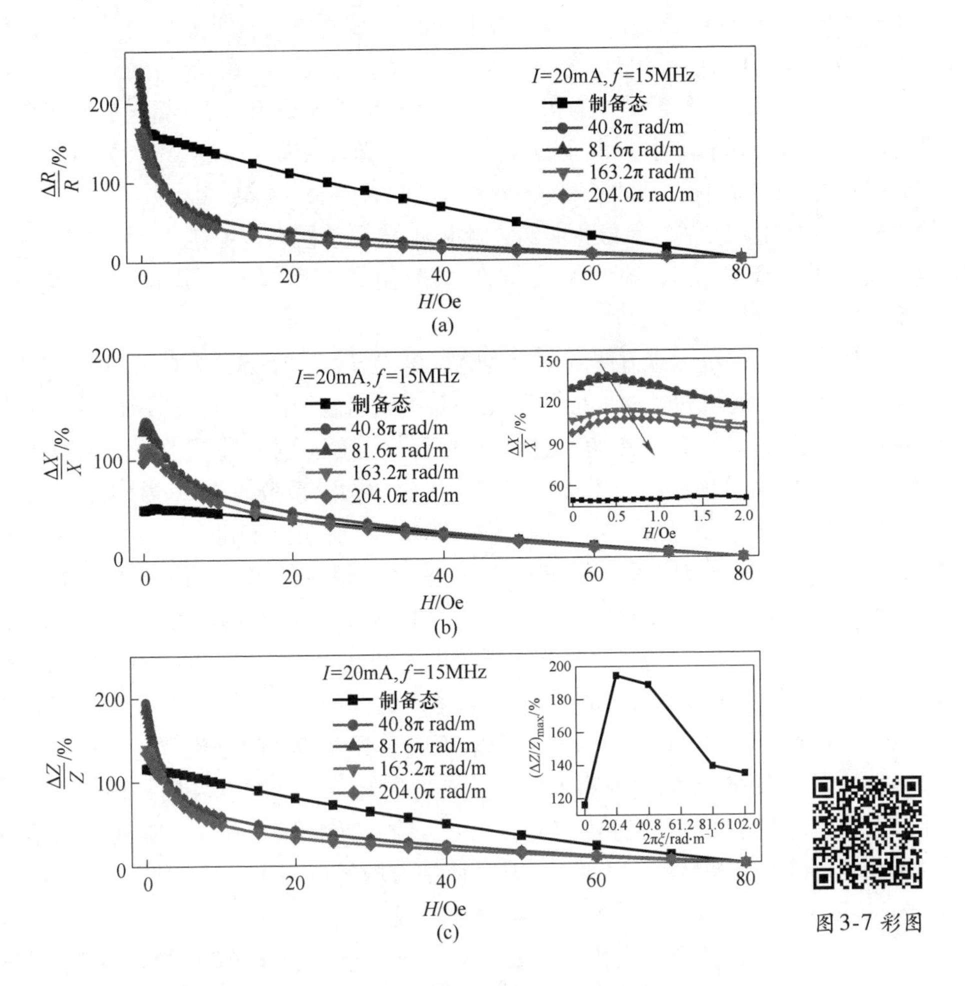

图 3-7 频率 $f=15$MHz 时，制备态和不同扭转状态下 $\Delta R/R$（a）、$\Delta X/X$（b）与 $\Delta Z/Z$（c）比值随外磁场的变化曲线

((b)中插图为 $\Delta X/X$ 曲线峰值位置，(c)中插图为 $(\Delta Z/Z)_{max}$ 峰值与扭转应变的对应关系，1Oe = 79.5775A/m)

3.3.3　扭转应力对微丝表面畴结构的影响

图3-8给出了通过磁力显微镜（MFM）获得的微丝制备态与扭转态下的表面形貌与磁畴结构，以及每个状态对应的描述简图。图3-8(a)为制备态时微丝的形貌与畴结构，由图可知，微丝表面呈现弱的周向畴，周向磁畴的规律性差，平均畴尺寸约为1.0μm。其微弱的与不均匀的周向畴状态由其制备工艺决定，从而微丝具有弱的周向各向异性。残余应力与微结构的局域不均质等均不利于微丝形成周向畴结构。因此，制备态畴结构对应的阻抗$(\Delta Z/Z)_{max}$比值只有116.2%。为了感生螺旋各向异性，并进而影响阻抗响应，使每根微丝承受均匀的扭转应力以保证微丝表面形成均匀畴结构。逐渐增大扭转应力调制后的磁畴结构呈现在图3-8(b)~(d)中，由图可见，当扭转应变为$\xi=40.8\pi$ rad/m时，微丝表面形貌出现形变并有凸起现象产生，表面凸起高度约为几十纳米。通过MFM可清晰地得到此扭转态下的畴结构。不同于制备态的微弱的周向畴，扭转态为$\xi=40.8\pi$ rad/m的微丝畴结构出现“Z”字形弯曲畴，此种磁畴源于扭转应力的作用。此时对应相对较大的GMI比值（194.4%）是施加的扭转应力提高了周向各向异性的效果。

具体表现为：扭转应力使微丝产生螺旋各向异性，而螺旋各向异性的一部分贡献改善了微丝的周向各向异性，进而有助于周向磁导率μ_{φ}与GMI比值的提高。最终，该状态下平均畴尺寸的宽度增至1.1μm。对于这种情况，周向畴转变为“Z”字形弯曲畴，该畴不同于文献报道的正磁致伸缩系数的Fe基微丝磁畴[67]。

当扭转应变为122.4π rad/m时，如图3-8(c)所示，不均匀周向畴变得更加明显，平均畴尺寸约为0.9μm，畴壁在应变下发生倾斜，倾斜角（畴壁与轴向夹角）$\theta\approx67°$。进一步增大扭转应变至$\xi=163.2\pi$ rad/m，获得了均匀的螺旋畴，对应的倾斜角$\theta\approx30°$。基于此时施加了较大的扭转应力，微丝的GMI性能$(\Delta Z/Z)_{max}$为139.4%。扭转应变163.2π rad/m与204.0π rad/m状态下得到的GMI比值的微小差别说明了这两种应变下微丝表面畴也具有相似的结构。这种均匀的螺旋畴且具有30°的畴壁倾角说明了微丝具有均质与较大的螺旋各向异性。除此之外，由于微丝具有较大的扭转应变，可达到$\xi=204.0\pi$ rad/m，并获得对应的GMI性能。因此，扭转状态下的Co基熔体抽拉微丝可用于大扭矩阻抗（torsional magneto-impedance，TMI）传感器元器件的开发[108]。

图3-9给出了扭转阻抗特性$(\Delta Z/Z)_{\xi}$与畴壁倾斜角θ随扭转形变ξ的变化关系，由图可见，扭转阻抗$(\Delta Z/Z)_{\xi}$比值随着扭转应变ξ的提高而减小，$(\Delta Z/Z)_{\xi}$的最大比值达到290%。

与图3-8不同扭转应变对应的磁畴构型对照，微丝畴壁移动既不是理想的整体逐渐倾向于轴向，也非一致与轴向成螺旋状分布。磁畴先垂直于微丝轴向的发

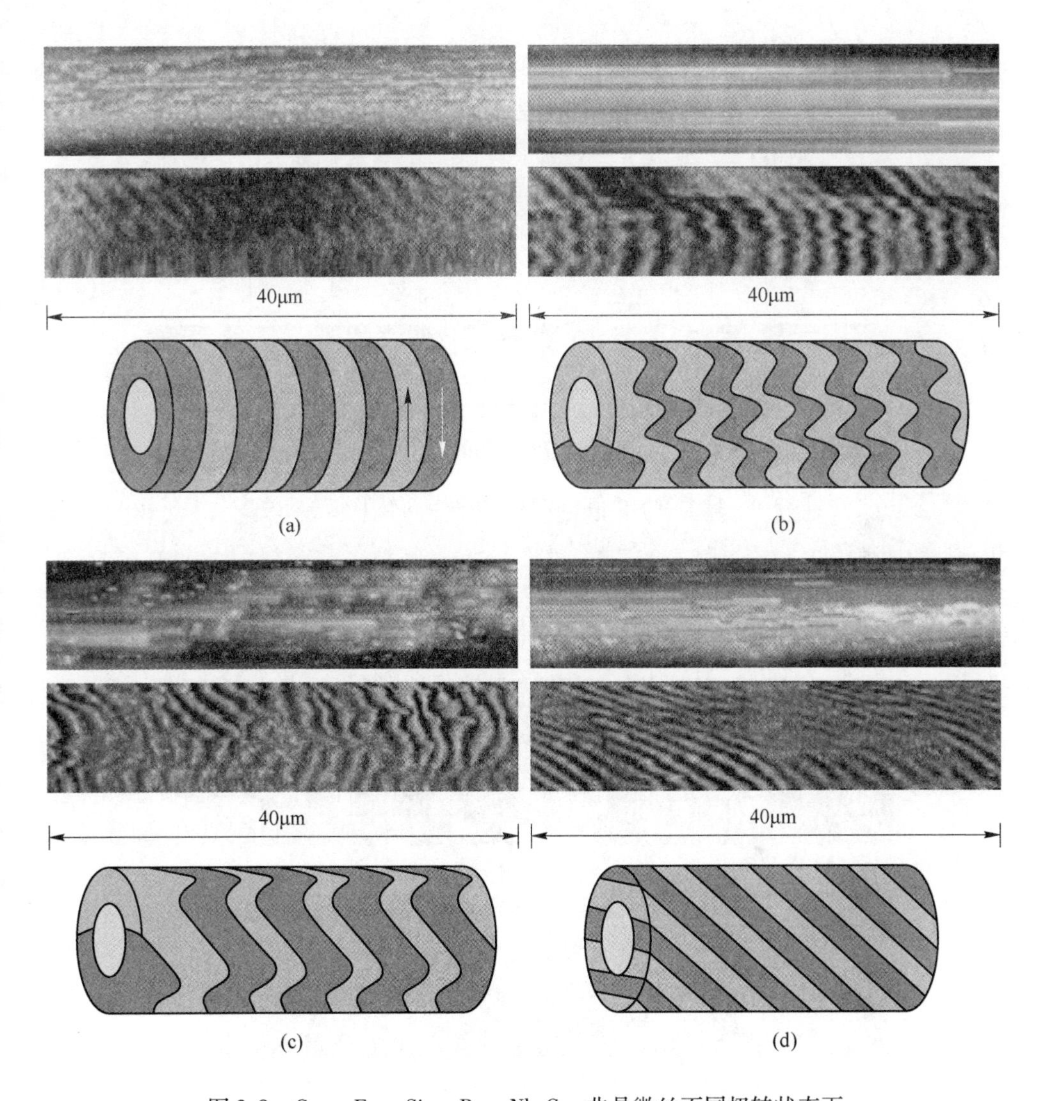

图3-8 $Co_{68.15}Fe_{4.35}Si_{12.25}B_{13.25}Nb_1Cu_1$ 非晶微丝不同扭转状态下表面畴结构与对应示意图

（a）制备态；（b）顺时针 $\xi=40.8\pi$ rad/m；（c）顺时针 $\xi=122.4\pi$ rad/m；（d）顺时针 $\xi=163.2\pi$ rad/m

生扭曲，而后畴壁与轴向形成一定的倾角，畴壁仍不规律。当扭转应变极大时，与微丝轴向才形成螺旋状磁畴，倾角约为30°。最终，测得的最大扭转应变为 204.0π rad/m。

如图3-10所示为微丝经过逆时针扭转后的表面畴结构，发现：周向畴结构在扭转应力作用下亦发生形变，不同于顺时针扭转微丝畴结构（磁畴向右下偏

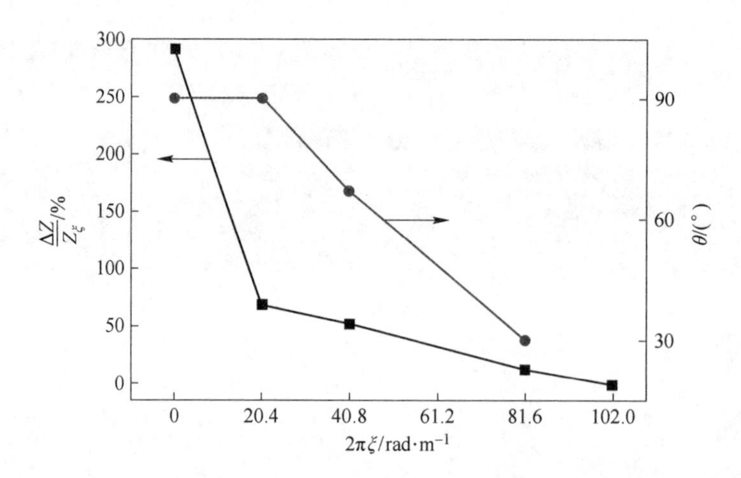

图 3-9　最大阻抗比值和畴壁倾角 θ 与扭转形变 ξ 的关系

转，畴与轴夹角越小，磁畴宽度越窄），此时畴结构倾向左下偏转，同时，表面扭转应力作用发生形变，应力不均匀，导致畴壁模糊，畴宽度不均匀。

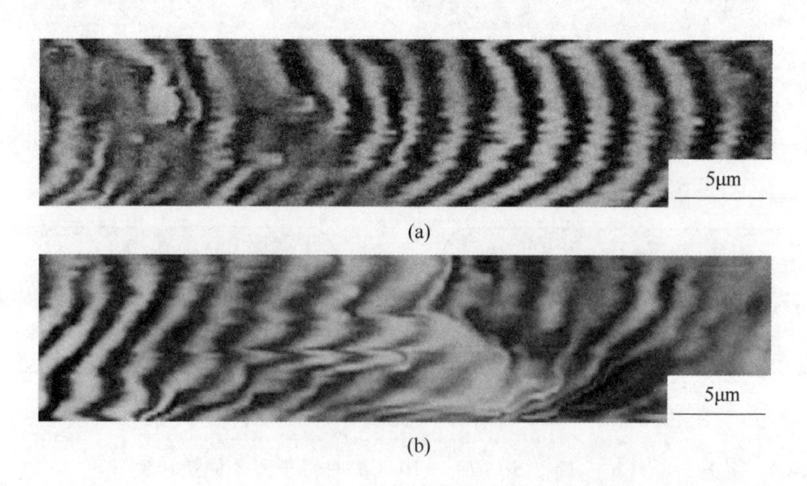

图 3-10　$Co_{68.15}Fe_{4.35}Si_{12.25}B_{13.25}Nb_1Cu_1$ 非晶微丝逆时针扭转应变下的表面畴结构

（a）$\xi=40.8\pi$ rad/m；（b）$\xi=142.8\pi$ rad/m

3.3.4　理论分析

对微丝施加扭转应力带来了扭矩，扭矩将产生一个螺旋（helical）状各向异性 K_τ，大小为[67]：

$$K_\tau=\frac{3}{2}\lambda_s G\xi r_{eff} \tag{3-8}$$

式中 G——剪切模量；

r_{eff}——微丝有效半径；

λ_{s}——磁致伸缩系数。

螺旋各向异性可以分解为轴向与周向两个分量，轴向分量作用感生轴向各向异性 K_{σ}，大小为：

$$K_{\sigma}=\frac{3}{2}\lambda_{\mathrm{s}}\sigma \tag{3-9}$$

而周向分量将有助于周向各向异性、周向畴的形成。假设 K_{τ} 与微丝轴向夹角为 $\alpha(\pi/4)$，饱和磁化强度 M_{s} 与微丝轴向夹角为 θ，当 K_{τ} 大于周向各向异性 K 时，微丝总的能量密度可表示为：

$$E=K_{\tau}\sin^{2}(\theta-\alpha)-\mu_{0}M_{\mathrm{s}}H\cos\theta-\mu_{0}M_{\phi}H_{\phi} \tag{3-10}$$

式中 M_{ϕ}——饱和磁化强度的周向矢量，$M_{\phi}=M_{\mathrm{s}}\sin\theta$；

H_{ϕ}——周向交变磁场。

利用能量密度极小值条件 $\delta E/\delta\theta=0$，可得周向磁导率为：

$$\mu_{\phi}=\mu_{0}\frac{\mathrm{d}M_{\phi}}{\mathrm{d}H_{\phi}}=\frac{\mu_{0}^{2}M_{\mathrm{s}}^{2}\cos^{3}\theta}{K_{\tau}[2\cos2(\theta-\alpha)\cos\theta+\sin2(\theta-\alpha)\sin\theta]+\mu_{0}M_{\mathrm{s}}H} \tag{3-11}$$

当 K_{τ} 足够大时，$\theta\approx\alpha=\pi/4$，在 $H=0$ 时的周向磁导率为：

$$\mu_{\phi}=\frac{\mu_{0}^{2}M_{\mathrm{s}}^{2}}{4K_{\tau}} \tag{3-12}$$

因此，当扭矩足够大时，周向各向异性降低，周向磁导率下降，而对感生轴向各向异性起主要作用，不利于周向畴与 GMI 性能的改善。

3.4 冷拔对微丝 GMI 性能和磁性能的影响

3.4.1 实验方案

由于 Co-Fe 基非晶微丝具有较大的强度和硬度，其冷拔采用硬度更大、刚度更高的金刚石模具。图 3-11 为金刚石拉丝原理及其实物图。

磁性微丝在制备过程中，由于金属楔形辊轮的激冷或者抽拉熔体时等失稳造成微丝与金属辊轮接触面形成沟槽与瑞利波缺陷，直径越大缺陷越明显。针对大直径的微丝圆整度缺陷，可通过冷拔处理方式改善微丝表面质量与圆整度，进而提高微丝的磁性能。本实验对不同直径 D_0（54～60μm）$Co_{68.15}Fe_{4.35}Si_{12.25}B_{13.75}Nb_1Cu_{0.5}$ 非晶微丝在室温下进行一次冷拔至 $D_1=53\mu m$，研究冷拔过程中微丝应力状态与不同变形量后磁性能的变化规律。由于非晶微丝具有较低的塑性变形能力，冷拔过程中施加润滑液以降低模具内圆对非晶微丝表面摩擦力产生的刮伤及耗散冷拔产生的热量。

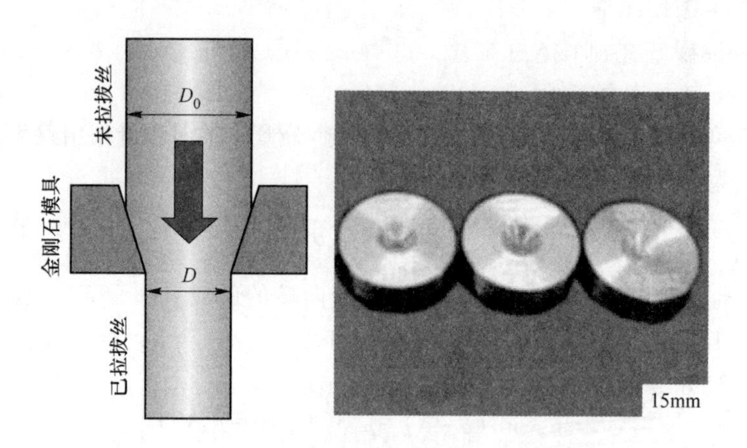

图 3-11　冷拔原理及其金刚石拉丝模具实物图[109]

3.4.2　冷拔后 GMI 性能

如图 3-12 所示，不同直径 D_0(54～60μm)微丝冷拔至 53μm 后得到的阻抗 $\Delta Z/Z_0$ 比值(a)与等效各向异性场 H_k(b)。

微丝直径由 D_0 = 58μm 拉至 53μm 时，得到了相对较高的阻抗比值 $(\Delta Z/Z_0)_{max}$ = 64%，对应等效各向异性场 5Oe。D_0 = 60μm 拉至 53μm 时，等效各向异性场增至 9Oe；说明冷拔过程中产生的应力有效地提高了周向各向异性场。

3.4.3　冷拔与残余应力对磁性能的影响

冷拔过程是一个复杂过程，包含变形过程与升温现象。图 3-13 给出了冷拔过程中微丝受到的应力状态，其中轴向和环向拉应力表达式为[109]：

$$\sigma_x = \frac{B}{B-1}\left[1-\left(\frac{D_1}{D_0}\right)^{2(B-1)}\right] \tag{3-13}$$

$$\sigma_n = \frac{B}{B-1}\sigma_y\left[\left(\frac{D_1}{D_0}\right)^{2(B-1)}-\frac{1}{B}\right] \tag{3-14}$$

$$B = 1 + f/\tan\alpha$$

$$\sigma_x + \sigma_n = \sigma_y$$

式中　σ_x——轴向拉应力；

σ_n——环向挤压应力；

f——摩擦因数；

σ_y——纤维的屈服应力；

α——拉丝模具顶角，一般取 4°～6°。

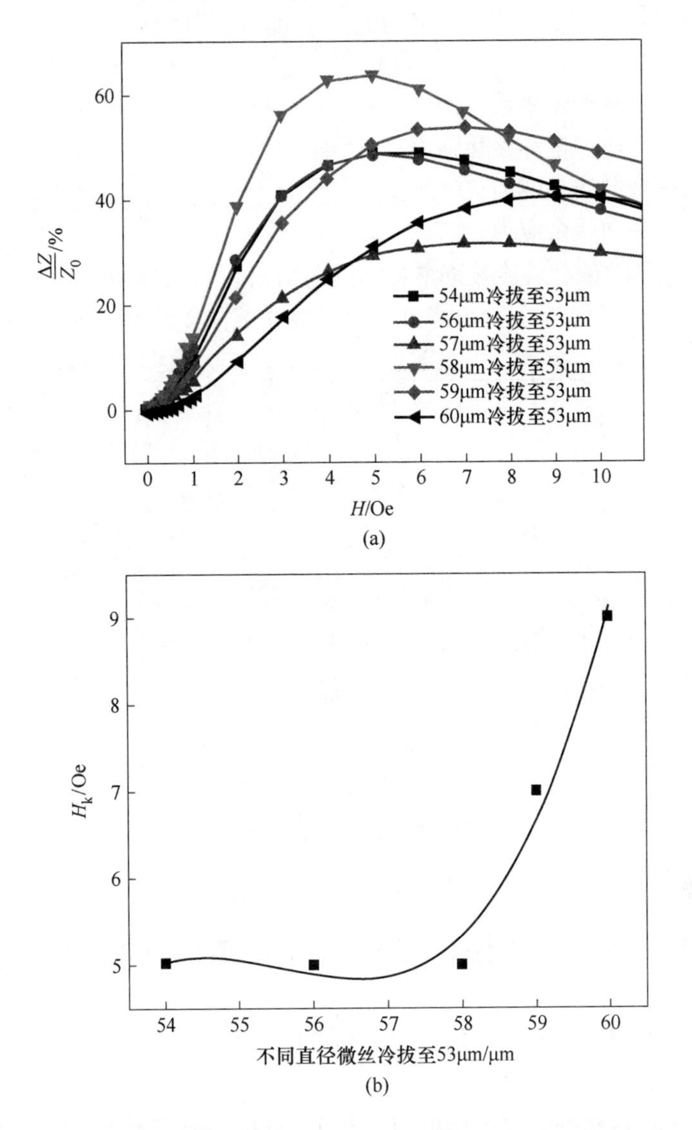

图 3-12 不同直径微丝冷拔至 53μm 后，阻抗 $\Delta Z/Z_0$ 比值随外磁场的变化关系（a）和对应的各向异性场（b）
（1Oe = 79.5775A/m）

由此可以得到，随着冷拔率 D_1/D_0 的提高，环向应力逐渐增大，从而环向各向异性场提高。同时，微丝的磁性能与残余应力也密切相关。冷拔通过改变微丝的几何尺寸与残余应力分布可以实现对微丝磁弹能与畴结构的调控，进而改善材料的磁性能[110-111]。

冷拔过程中导致的各向异性场 H_k 变化为[112]：

$$H_{\mathrm{k}}=\frac{3\lambda_{\mathrm{s}}}{M_{\mathrm{s}}}(\sigma_{zz}-\sigma_{\varphi\varphi})\tag{3-15}$$

式中　λ_s——磁滞伸缩系数；

M_s——相应的饱和磁化强度；

σ_{zz}——轴向残余应力；

$\sigma_{\varphi\varphi}$——周向残余应力。

σ_{zz}与$\sigma_{\varphi\varphi}$的差值随着冷拔率增加而逐渐增大[113]，各向异性场随之增大。

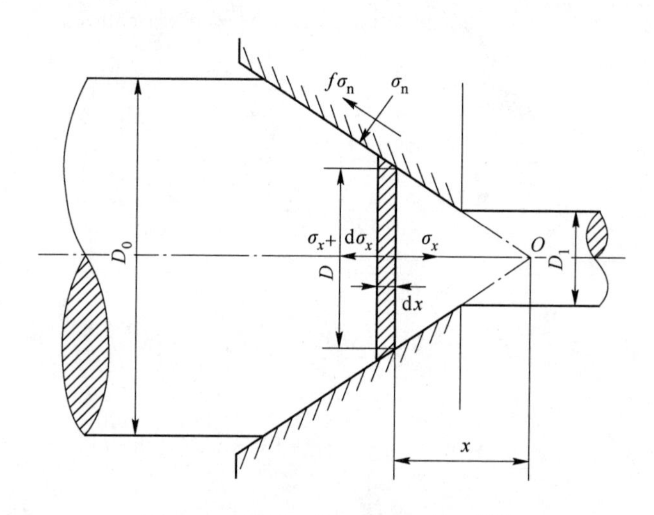

图3-13　微丝冷拔过程受力情况[139]

3.5　机械抛光对微丝畴结构的影响

采用磁力显微镜（MFM）探测直径为30μm熔体$Co_{68.15}Fe_{4.35}Si_{12.25}B_{13.75}Nb_1Cu_{0.5}$微丝的表面畴结构。

图3-14(a)为制备态表面畴结构，图3-14(b)为经过机械抛光后的表面畴结构，图3-14(c)为微丝横截面抛光后畴结构。磁畴结构源于磁性材料的制备工艺，其工艺参数、后处理调制均会改变畴结构。近零磁致伸缩系数Co-Fe基微丝被认为具有“芯-壳”畴结构，芯部为轴向畴，壳层为周向畴[1]。如图3-14(a)所示，制备态微丝表面具有微弱周向畴结构，周向畴尺寸不均匀，畴壁出现“毛刺”现象；抛光后，平均畴尺寸约为0.95μm。如图3-14(b)所示，表面畴取向为垂直于微丝轴向，这样畴分布是由于机械抛光改变了微丝表面应力状态，为了降低畴壁能，垂直于轴向分布。如图3-14(c)所示，微丝端部抛光后，其“壳层”畴为一层有着亮暗交替分布垂直于截面畴，内部呈波纹状交错畴分布。

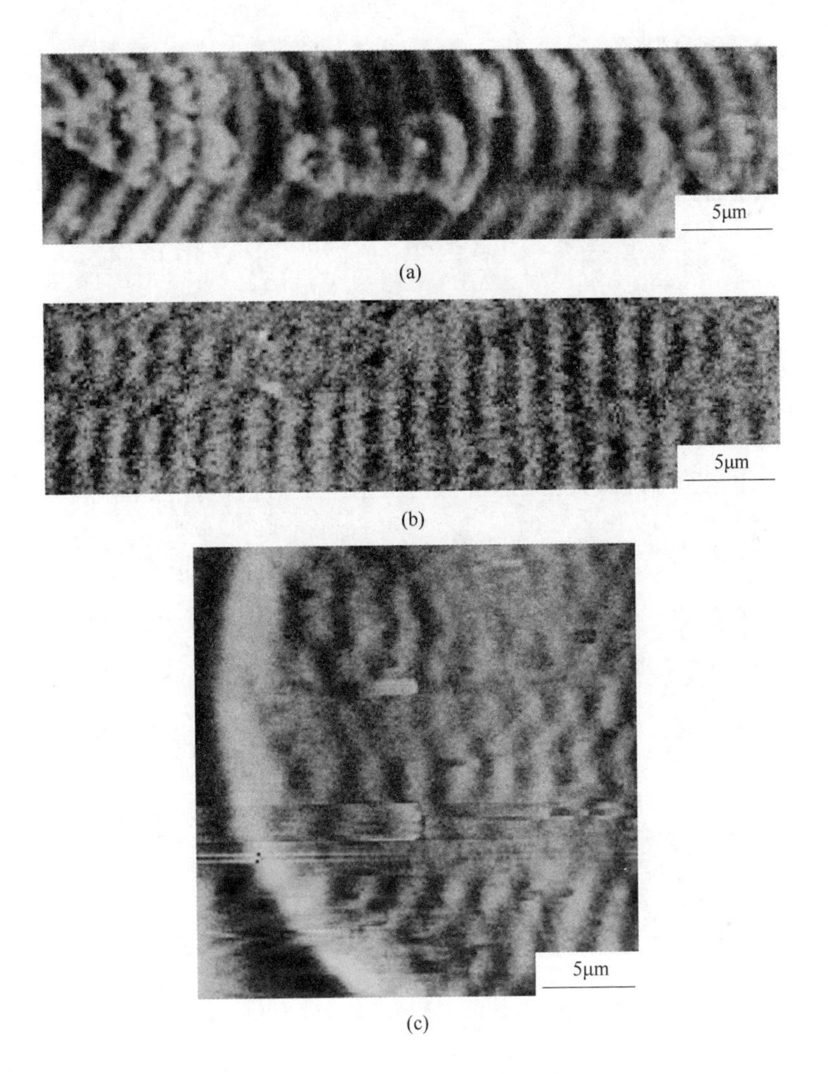

图 3-14 非晶微丝制备态表面畴结构（a）、抛光后畴结构（b）和横截面抛光后畴结构（c）

图 3-15 所示为制备态微丝经抛光不同深度后的畴结构。抛光后，取向基本垂直于微丝的轴向，平均畴尺寸变化不大，但随着抛光时间与深度的增大，垂直于轴向的周向畴发生变化，亮暗区域模糊，畴壁不清晰明显；并且，磁畴发生倾斜伴有畴壁模糊；最后表面畴轴向方向似错位，轴向模糊区域面积增大，此种状态意味着随着抛光深度的增大，周向畴减弱，而轴向畴分布增大，验证了“芯-壳”畴结构。

图 3-16 给出了不同电流幅值（30 ~ 100mA）焦耳热退火微丝抛光后对应的

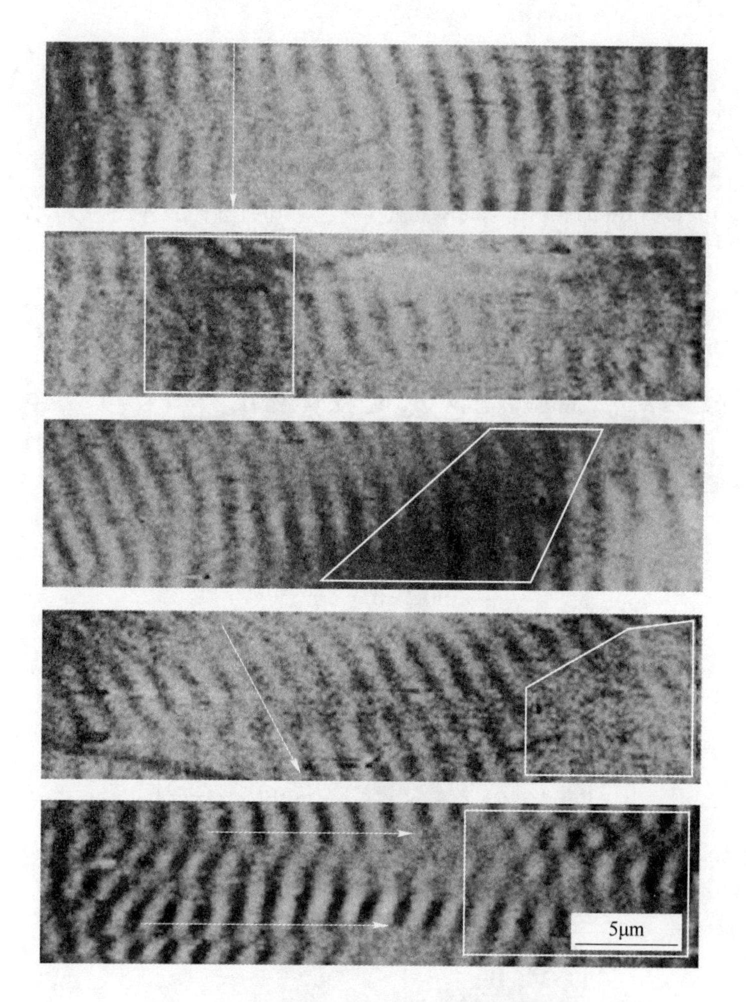

图 3-15　机械抛光不同深度后微丝畴结构

磁畴结构。结合表 3-1 统计数据可得，抛光后平均畴尺寸由制备态的 0.95μm 增到 80mA 电流幅值退火后 1.03μm，且畴周向有序度明显；退火电流继续增大至 90mA、100mA 时，畴“劈裂”现象明显，畴宽度略有减小，但相对于制备态均有所变大。由此验证了焦耳热退火感生周向各向异性场有助于周向磁畴改善，进而有助于阻抗性能的提高。

表 3-1　电流退火幅值与畴平均宽度的对应值

退火电流/mA	制备态	30	40	70	80	90	100
平均畴宽度/μm	0.95	1.00	1.02	0.94	1.03	1.02	0.99

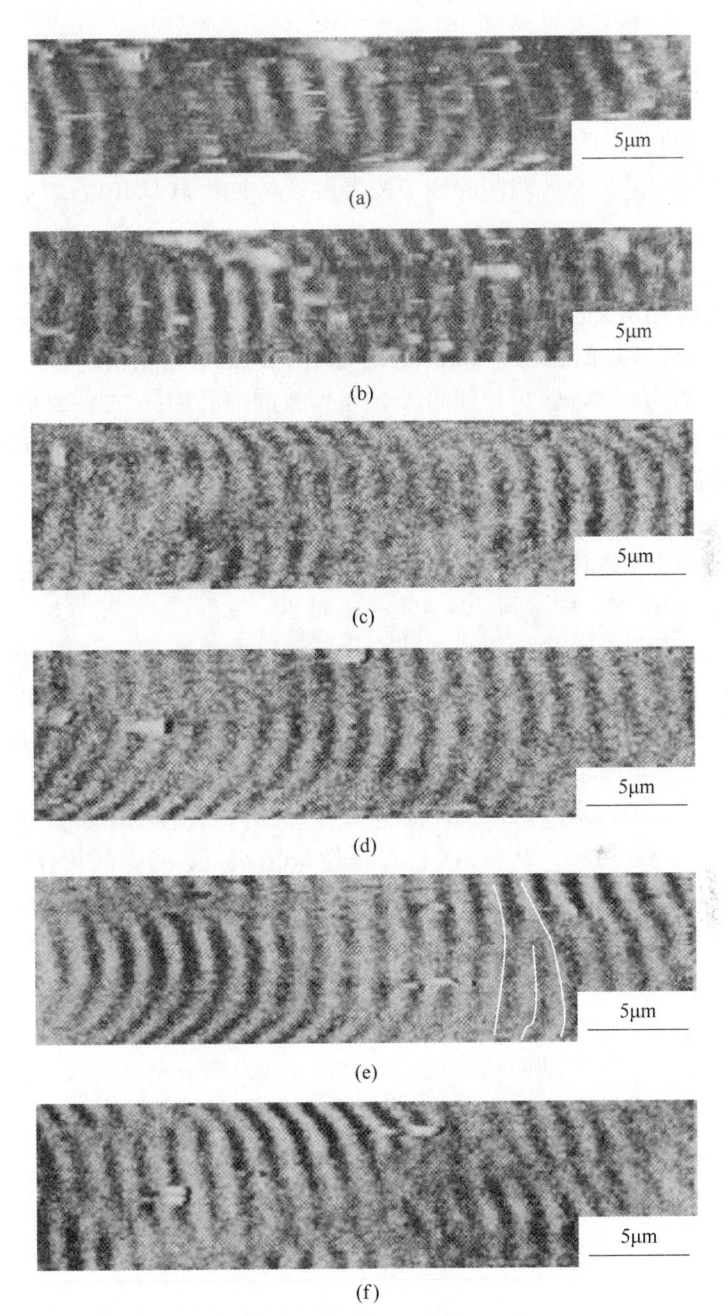

图 3-16 不同电流幅值（30～100mA）焦耳热退火微丝经过抛光后磁畴结构

（a）30mA；（b）40mA；（c）70mA；
（d）80mA；（e）90mA；（f）100mA

3.6 本章小结

本章研究了Co基微丝在不同应力作用下的磁畴结构与GMI性能，从等效各向异性场角度阐述了应力调制起到了改善微丝畴结构与GMI效应的效果，结果如下：

（1）一定范围的拉伸应力改善了微丝的阻抗性能，当拉伸应力为203.7MPa时，阻抗达到$(\Delta Z/Z)_{max}=223.6\%$，相对制备态提高了22.7%；而拉伸应力为1018.6MPa时，阻抗比值下降；但对应的峰位外场由0.3Oe（拉伸应力203.7MPa）增大到4Oe；拉伸应力使微丝等效周向各向异性场变大，畴壁能增加，从而改善阻抗性能；而更大拉伸应力产生的畴壁能也阻碍了动态畴壁移动与转动，导致阻抗性能下降。微丝表面畴由弱的周向畴（203.7MPa）变为竹节状畴（1018.6MPa）。

（2）频率在15MHz、扭转应变$\xi=40.8\pi$ rad/m时，$(\Delta Z/Z)_{max}$达到最大值，由制备态的116.2%增加到194.4%；磁畴为“Z”字形弯曲畴；扭转阻抗$(\Delta Z/Z)_{\xi}$随着扭转应变ξ的提高而减小，最大比值达到290%；扭转带来扭矩，产生螺旋各向异性，顺时针扭转时，螺旋畴右下倾斜；逆时针扭转时，螺旋畴左下倾斜；扭转的周向分量有助于周向畴改善与周向磁导率的提高，因此有助于GMI性能的改善；而扭矩过大，轴向分量起主要作用，GMI性能下降。

（3）冷拔作用有效提高周向各向异性场H_k；直径58μm拉至53μm时，$(\Delta Z/Z_0)_{max}=64\%$，对应$H_k=5$Oe；当直径60μm拉至53μm时，$H_k$增至9Oe；冷拔过程产生环向应力$\sigma_n$与残余应力$\sigma_{\varphi\varphi}$均随着冷拔率$D_1/D_0$的增大而提高，各向异性随之提高。

（4）机械抛光后，横截面壳层呈亮暗交替畴；内部呈波纹状交错畴；截面随抛光深度的增大，周向畴减弱，畴壁模糊，呈轴向方向错位，轴向模糊区域面积增大验证了“芯部”轴向畴结构，平均宽度为0.95μm；80mA电流幅值退火后再抛光发现，周向畴平均宽度增大，周向有序度明显，平均宽度为1.03μm。

4 电化学作用对微丝磁畴结构与 GMI 性能的影响

4.1 引　　言

磁敏材料从制备到实现微型化 GMI 传感器方面应用，需要许多特殊的工艺处理与后续调制手段。一方面，制备态丝材在微米尺度上仍存在一定的缺陷[114]；另一方面，磁敏丝材若要连接与封装到传感器中，仍需要保证连接的稳定性及可靠性，该方面也是实现传感器微型化的重要保证。常用的改善丝材端部的润湿特性和实现非晶微丝与微电子电路的可靠互联方法有物理气相沉积（PVD）、化学气相沉积（CVD）、射频溅射工艺（RFS）及电镀（EP）等[115-120]。哈尔滨工业大学刘景顺博士也对非晶微丝与钎料润湿连接问题进行了系统研究，尝试了微丝端部电镀 Ni/Cu 复合层的工艺参数，改善了非晶微丝端部微连接对 GMI 性能输出的影响[121]。由于高频交流电下的趋肤效应（skin effect），磁性材料的表层结构与性能对其 GMI 效应起着关键作用。因此，GMI 性能的优劣与微丝表面性能及表面处理结果紧密相关。电镀是一种有效的表面处理方式，金属镀层不仅能够起到保护丝材的效果，更起到改善基体的耐蚀性、润滑性、耐高温性、钎焊性、磁性等作用。同时，国内外许多学者采用电沉积工艺在导电性良好的非磁金属丝芯外沉积软磁合金，制备出一种具有高的 GMI 性能的复合丝结构[122-125]。另一种有效改善表面形态的处理方式为电解抛光。不同于电镀，电解抛光是采用电化学腐蚀方式除去丝材制备后表面缺陷，提高丝材表面光滑程度与圆整度的有效方法。这种调制手段在 GMI 性能研究中鲜有报道。

本章以螺旋微电镀处理和电解抛光等新型调制手段对微丝进行调制处理，获得不同状态下的微丝表面磁畴结构及其转变，并对应了 GMI 效应测试。

4.2 等间距电镀 Ni 对微丝磁畴结构与 GMI 效应的影响

4.2.1 微丝等间距电镀 Ni 工艺

针对磁敏传感器对非晶微丝使用要求，电镀 Ni 可以提高电导率和热导率，改变磁各向异性分布。选取直径 $D=50\mu m$、长 18mm 的 $Co_{68.15}Fe_{4.35}Si_{12.25}B_{13.75}Nb_1Cu_{0.5}$ 非晶微丝采用环向等间距电镀，镀层宽度为 2mm，时间 45s，电流密度为 $4A/dm^2$。

电镀过程基本电化学方程如下：

阳极：
$$Ni - 2e^- \longrightarrow Ni^{2+} \tag{4-1}$$

阴极：
$$Ni^{2+} + 2e^- \longrightarrow Ni \tag{4-2}$$

其示意图如图 4-1 所示。

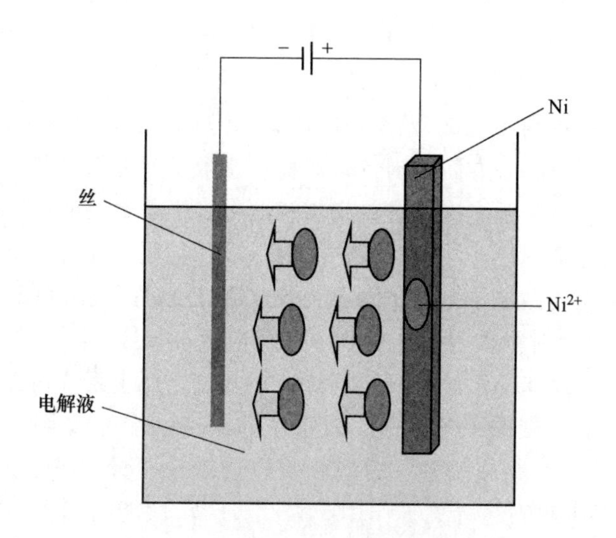

图 4-1 非晶微丝电镀镍装置示意图

电镀液配比如表 4-1 所示。

表 4-1 镀镍电镀液成分配比及相关参数

名称	硫酸镍质量/g	氯化镍质量/g	氯化钠质量/g	硼酸质量/g	十二烷基硫酸钠质量/g	温度/℃	pH 值
镀镍	300	50		40	0.1	44 ~ 60	2 ~ 4.5

等间距环向电镀 Ni 示意图如图 4-2 所示。

选取相同直径的微丝，经过表面超声波清洗后，吹干，截取相同长度为 24mm 的微丝；电镀前，需将微丝表面等间距附上胶体，胶体均匀黏附于丝表面，待胶体凝固后，微丝一端置于平口铜质夹下，另一端置于电解液中；等间距胶体宽度 2mm，以此实现等间距电镀 Ni；未附胶体丝表面则有 Ni 镀层。可逐渐增多 Ni 镀层个数，最终表面被等间距环形 Ni 包围。

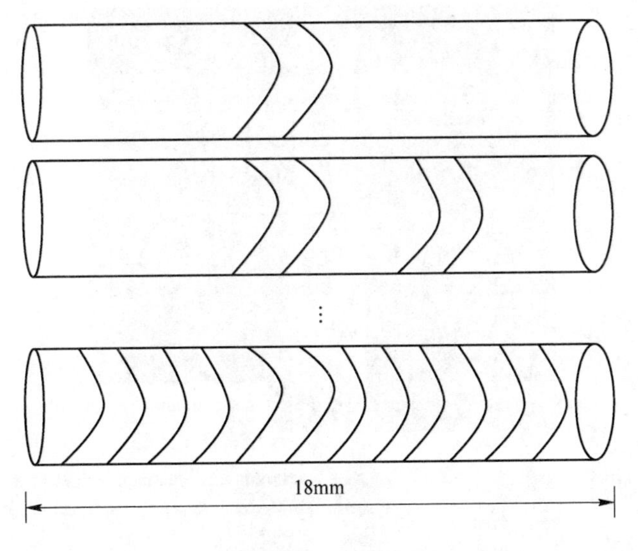

图4-2 非晶微丝等间距电镀镍示意图

4.2.2 微丝的GMI性能

图4-3给出了在10MHz时，Co-Fe基非晶微丝等间距电镀Ni不同环数的GMI比值随外磁场的变化曲线。

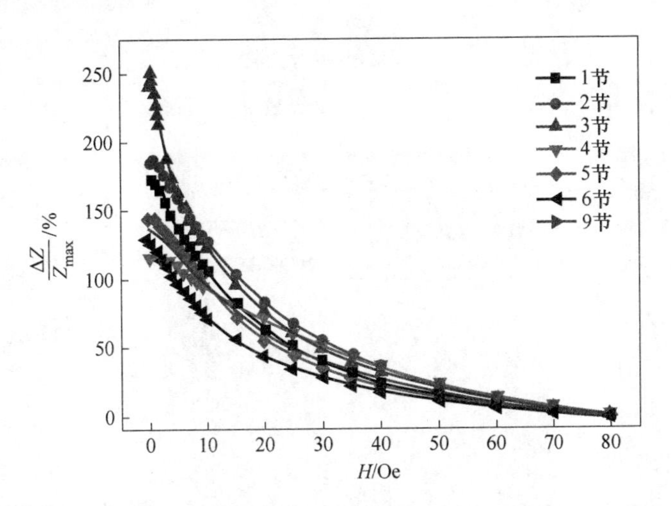

图4-3 电镀Ni对微丝阻抗 $\Delta Z/Z_{max}$ 的影响

(1Oe = 79.5775A/m)

由图4-4可知，当等间距电镀3节时，GMI相比制备态GMI比值 $\Delta Z/Z_{max}$ = 210.7%有所提高，最大比值达到251.1%，说明：一方面，等间距电镀Ni层

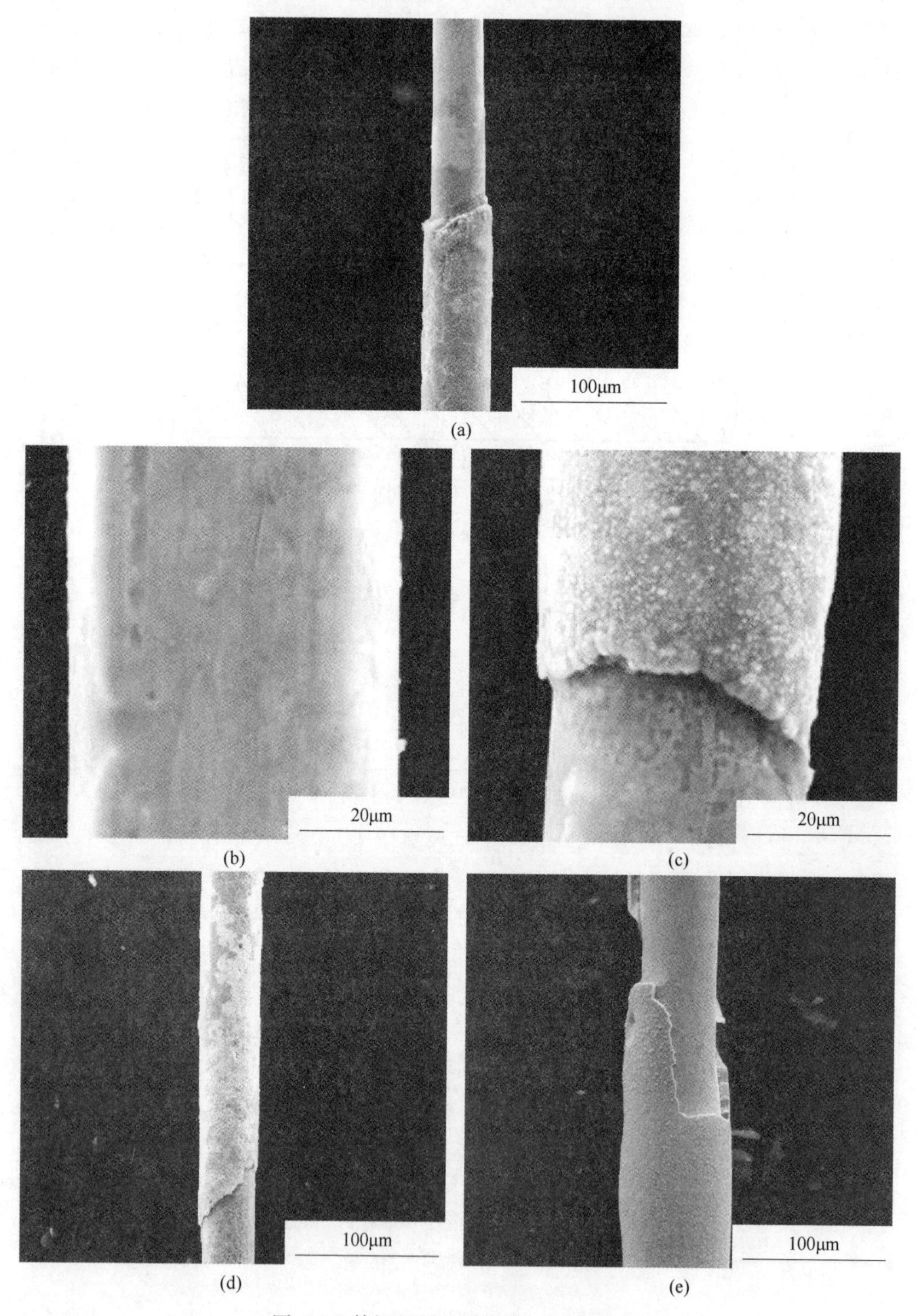

图4-4　等间距环向电镀微丝SEM形貌

（a）1节；（b）3节；（c）4节；（d）5节；（e）9节

为晶态，电流流经区域电阻变小，改变阻抗 Z 值；另一方面，Ni层存在引入了磁场，在一定程度改变了非晶微丝表面畴结构的分布，使微丝周向各向异性场提高。而当电镀多节Ni后，GMI明显降低，其原因可以解释为：多节Ni层的磁性形成了磁晶各向异性，抑制了畴壁移动与周向磁导率的改善，同时也一定程度改变了微丝表面的平滑程度，带来形状各向异性，降低了GMI的响应。无论GMI比值提高还是降低，磁场响应灵敏度都很小，因为Ni层的磁场改变了微丝表面的磁畴结构，同时也抑制外磁场变化对微丝畴结构的影响。

4.2.3 电镀微丝的畴结构与形貌

4.2.3.1 电镀Ni层微丝形貌

由SEM形貌可以看出，具有高的GMI比值的微丝Ni镀层相对平滑且镀层均匀，表明表面杂散磁场小有利于改善微丝的周向畴结构与对GMI性能的提高。

4.2.3.2 等间距环向电镀Ni微丝畴结构

图4-5给出了等间距Ni电镀45s后微丝表面（未镀区域）、Ni层与横截面的磁力图。微丝表面磁畴，如图4-5(a)所示呈现平滑且尺寸均匀的周向畴，平均畴尺寸为0.73μm，相对于制备态（平均畴宽度为0.83μm）有所减小，但周期性变化明显，整体畴壁更清晰，说明电镀后，微丝基体的周向各向异性得到改善。但发现微丝表面部分区域（箭头指向）畴壁模糊，同时磁畴发生倾斜。图4-5(b)为电镀Ni层畴，呈迷宫状分布，整体畴分布仍有一定取向，如箭头方向。图4-5(c)为微丝电镀后截面畴结构，微丝外层约3μm厚度为镀Ni层，呈现垂直于截面的亮暗交替的畴结构；亮区的磁畴指向纸外，暗区的磁畴指向纸内。微丝截面内层磁力较弱，为微弱的波纹状畴；由此得知，微丝表面畴受到环向Ni层杂散场的影响，磁畴尺寸被挤压，周向分布明显，也正是由于Ni层畴并非完全环向，导致微丝表面畴发生一定倾斜，与周向畴垂直方向畴壁模糊。

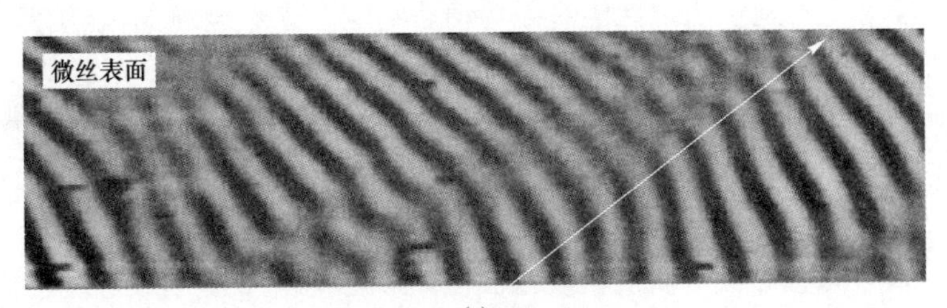

(a)

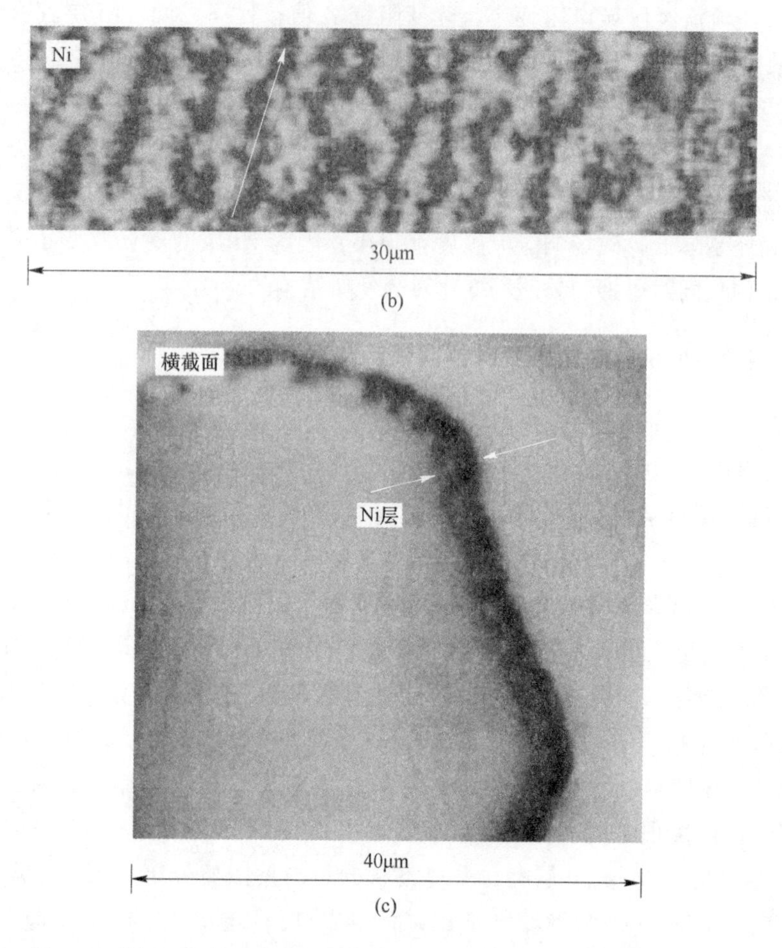

图 4-5　等间距电镀微丝表面畴结构（a）、Ni 层畴（b）和截面畴（c）

4.3　螺旋微电镀 Ni 对微丝磁畴与 GMI 效应的影响

第 4.2 节中对微丝等间距环向镀 3 节 Ni 提高了阻抗比值，却引入了较大磁晶各向异性场，不利于阻抗性能对磁场动态响应。未经电镀的微丝在阻抗测试时，高频的交流磁场往往使微丝的磁化方向处于螺旋状态分布。基于这种情形，本节尝试螺旋微电镀方式，以调制微丝的磁畴状态，进而研究微丝阻抗性能。

4.3.1　微丝螺旋微电镀 Ni 工艺

选取直径 $D=50\mu m$、长 12mm 的 $Co_{68.15}Fe_{4.35}Si_{12.25}B_{13.75}Nb_1Cu_{0.5}$非晶微丝进行螺

旋微电镀，螺旋间距为 50 ~ 200μm，电镀时间为 30 ~ 300s，电流密度为 1.4A/dm^2。电镀液配比及装置如图 4-1 和表 4-1 所示。图 4-6 为螺旋微电镀装置示意图。微丝在平移的同时旋转，以保证胶体在微丝表面呈螺旋状。

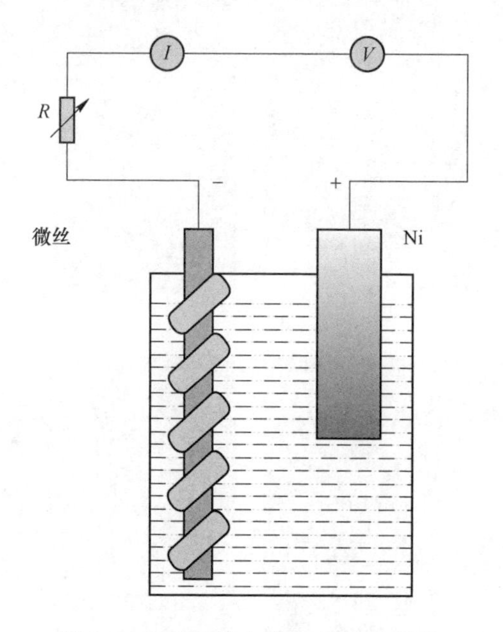

图 4-6 微丝螺旋电镀 Ni 装置示意图

4.3.2 螺旋微电镀 Ni 微丝形貌

图 4-7 给出了螺旋微电镀 Ni 不同时间（30 ~ 300s）得到的微丝 SEM 形貌。电镀后，Ni 层呈螺旋式环绕微丝表面。

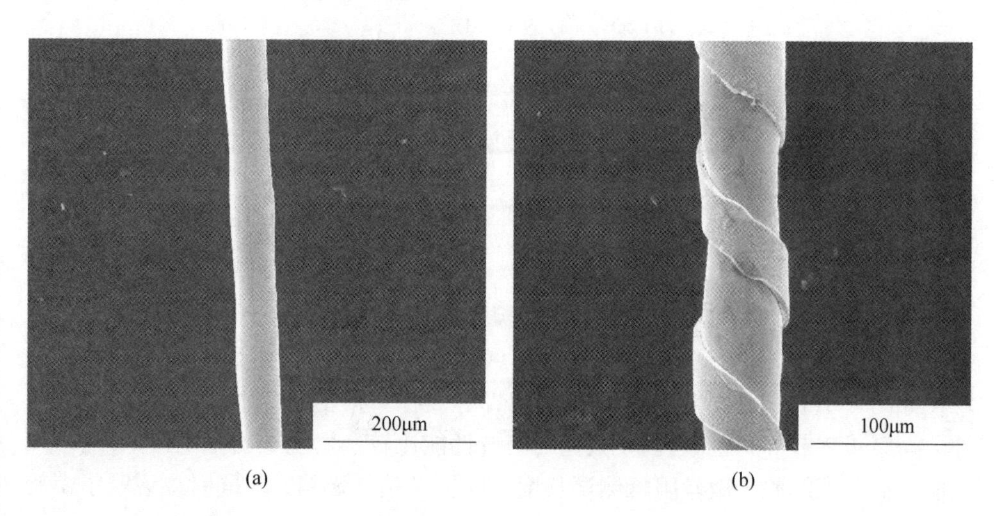

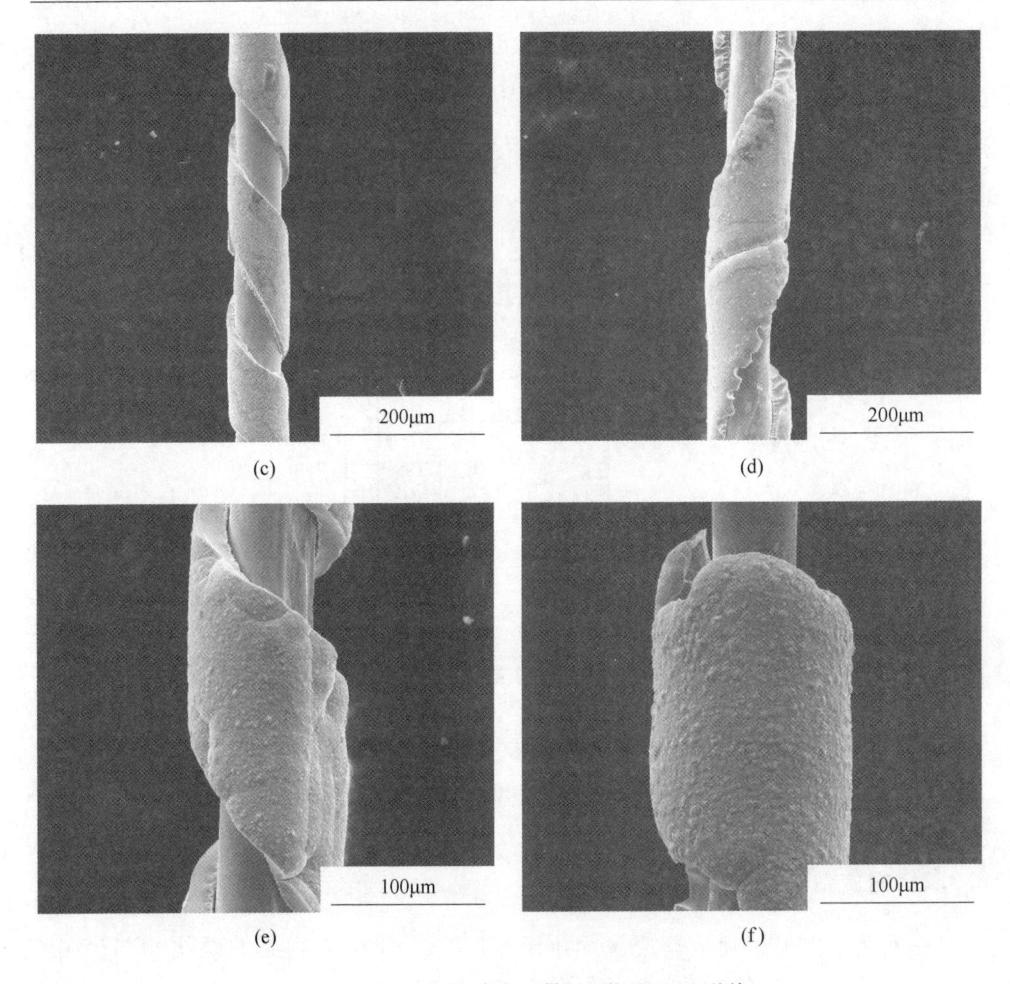

图 4-7　不同时间螺旋微电镀 Ni 微丝 SEM 形貌

(a) 制备态；(b) 30s；(c) 60s；(d) 180s；(e) 240s；(f) 300s

随着电镀时间的增加，螺旋状的 Ni 镀层变厚；同时，晶粒变大，Ni 层粗糙度变大。发现电镀时间为 30s、60s 后镀层相对较薄，且镀层表面平滑。微丝本身的缺陷在镀层也能够体现出来，如图 4-7(e)所示。

4.3.3　螺旋微电镀 Ni 微丝 GMI 性能

螺旋微电镀 Ni 层后，$\Delta Z/Z_{max}$ 比值相对制备态有所提高，如图 4-8(a)所示，由制备态的 148.2% 提高到 191.1% (镀 60s 后)，并未出现明显的阻抗曲线上升峰，如图 4-8(b)所示，其对应的临界场即等效各向异性场 H_k。

与第 4.2 节等间距电镀 Ni 微丝的阻抗性能比较，发现螺旋微电镀 Ni 的 GMI 比值降低；可能源于微丝阻抗测试长度对阻抗 Z 值的影响，但同时也说明了螺旋

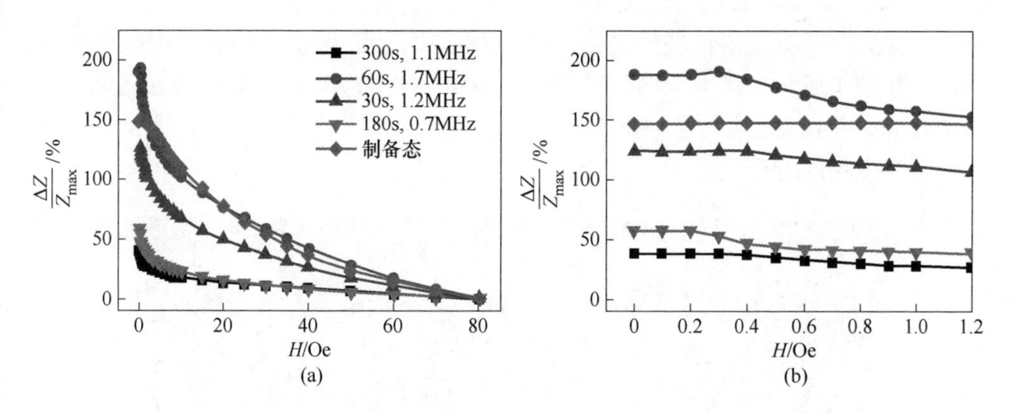

图 4-8 不同电镀时间阻抗 $\Delta Z/Z_{max}$ 随外磁场变化（a）及对应放大图（b）
（1Oe = 79.5775A/m）

状分布的 Ni 层的磁场对微丝阻抗响应产生更大的影响。

4.3.4 螺旋微电镀 Ni 微丝表面畴结构

图 4-9 给出了微丝螺旋微电镀 60s 后 Ni 层畴结构与微丝表面（未镀 Ni）畴结构，如图所示，电镀 60s 后，Ni 层畴呈迷宫状畴分布，畴壁不清晰；而微丝表面周向畴分布明显，平均畴尺寸为 0.83μm。

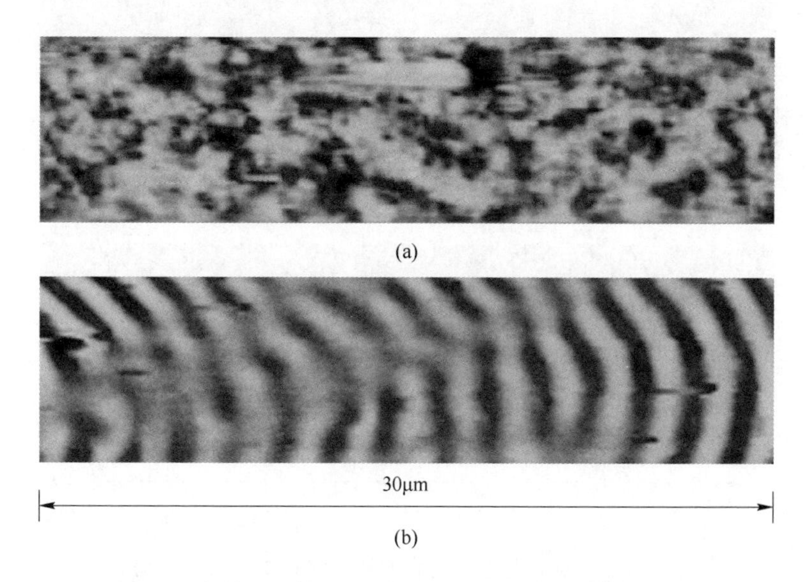

图 4-9 螺旋微电镀 Ni 层畴（a）与微丝表面畴结构（b）

图 4-10 为螺旋电镀 Ni 不同时间对应的微丝表面畴结构，由图可得，电镀的时间不同，Ni 镀层的厚度增大，其磁性对微丝表面畴分布也产生了更大的影响。

微丝表面周向畴宽度不仅发生变化，同时 Ni 层的杂散场也影响到周向畴的强弱变化，如箭头所示，倾斜方向畴壁模糊，说明环向的 Ni 层对周向畴也造成了较大的影响，并且无论静态测试还是动态磁化过程，磁性均存在。从而降低了阻抗性能对外磁场的响应灵敏度。

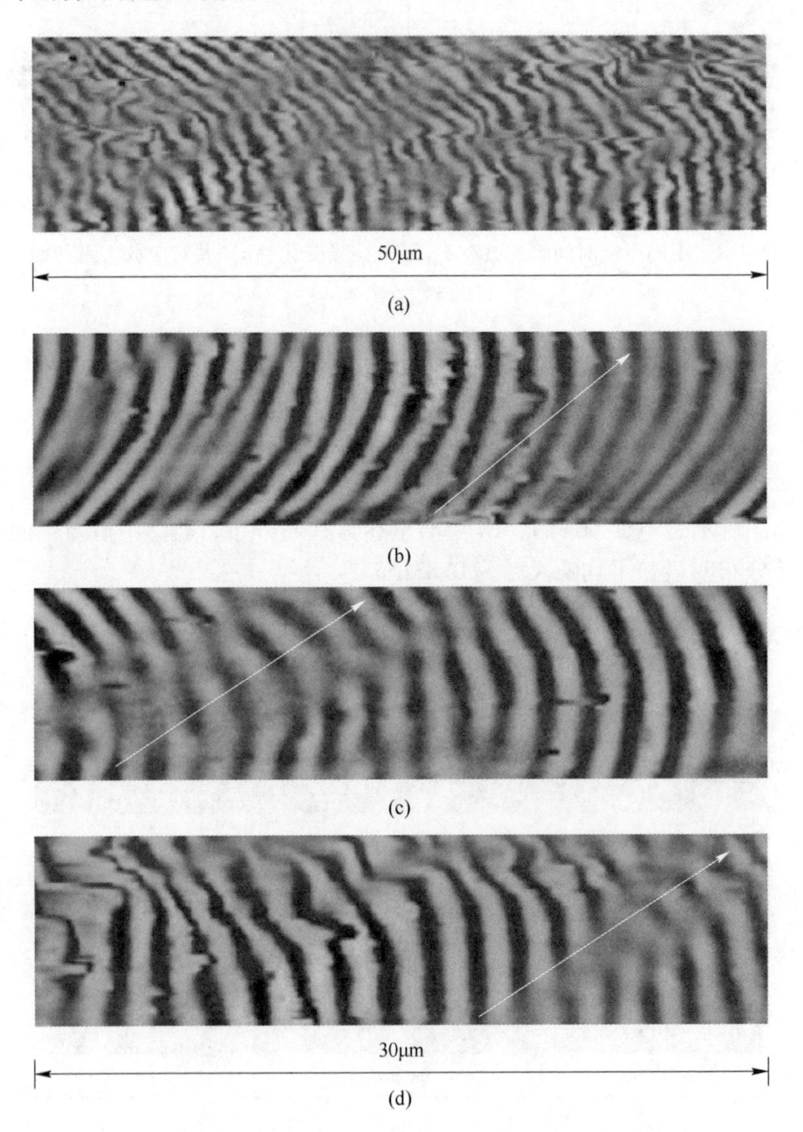

图 4-10　螺旋微电镀 Ni 不同时间对应的微丝表面畴结构
(a) 制备态；(b) 30s；(c) 60s；(d) 180s

表 4-2 给出了不同时间（30 ~ 180s）等间距电镀 Ni 对应微丝表面周向畴尺寸的统计数据，随着镀 Ni 时间的增加，微丝表面畴尺寸呈增大的趋势，表明微

丝表面周向场提高，该特点有助于阻抗性能的改善；然而，电镀时间 180s 后，发现微丝表面部分区域畴壁仍模糊，但畴尺寸不均匀，“毛刺”现象明显，可能由于较厚的 Ni 层产生杂散场影响了表面畴分布，从而阻碍了软磁性能变差。

表 4-2 不同时间螺旋微电镀 Ni 微丝表面畴平均尺寸

电镀 Ni 时间/s	制备态	30	60	180
平均畴尺寸/μm	0.83	0.74	0.83	0.88

4.4 电解抛光对微丝磁畴与 GMI 效应的影响

前文对微丝表面电镀磁性材料（Ni）金属以尝试改变微丝表面形状与磁性，结果发现，Ni 镀层表面的磁性与形状均对微丝基体磁性能影响很大；对于引入的磁性的 Ni 层具有较强的磁场，不利于 GMI 效应对外磁场的快速响应。所以，本节采取电解抛光方式，从基体上改善微丝表面形态，改善微丝的形状各向异性，剔除微丝表面圆滑而带来的软磁性能的影响，进而能够起到对表面磁畴结构与 GMI 性能的调制效果。

目前文献中鲜有关于电解抛光对微丝处理的报道。从技术来讲，熔体抽拉法得到的微丝的圆整度较好，由于该技术本身的原因，需要利用金属辊轮的楔形边缘蘸取溶液，金属溶液利用自身重力与表面张力圆化成丝。

成丝后，难以避免微丝与金属辊轮的接触面存在缺陷，对于不同直径丝，直径越大，缺陷越明显，如图 4-11 所示。缺陷部位残余应力较大，对其表面磁性能影响严重。电解抛光方式能有效释放表面应力，降低缺陷应力能；GMI 效应由于趋肤效应，其表层结构与性能显得尤为重要。

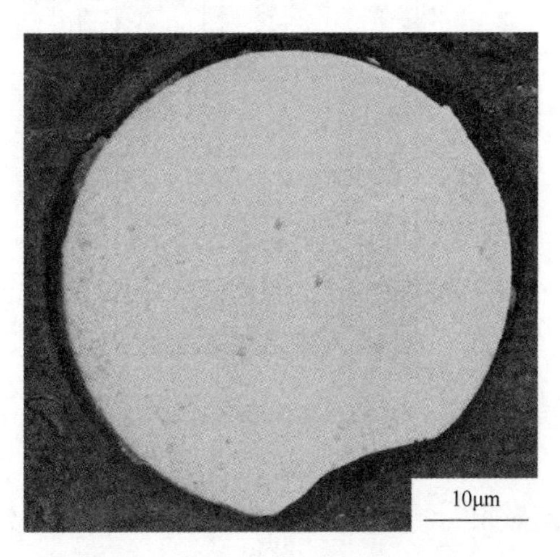

图 4-11 直径 50μm 微丝截面

4.4.1　微丝电解抛光工艺

本节将对 $Co_{68.15}Fe_{4.35}Si_{12.25}B_{13.75}Nb_1Cu_{0.5}$ 非晶微丝进行电解抛光，相关工艺参数于表 4-3 中列出，同时抛光过程示意图如图 4-12 所示。由于较粗微丝缺陷明显，因此有必要对较大直径微丝进行圆化与表面处理。考虑到后处理过程中避免引入应力，电解抛光则成为一种较为理想的处理方式。其优势在于：一方面提高微丝的圆整度，消除微丝缺陷部位的残余应力，改善应力各向异性；另一方面改变微丝的直径，由此改变微丝的电阻、周向磁导率与趋肤深度，进而改变阻抗变化。

表 4-3　Co 基微丝电解抛光工艺参数

工艺参数	数值	其他参数
纯 Cu 片		阴极：99.99% Cu
Co 基微丝长度/mm	22	阳极：电解样品
微丝直径/μm	35	电解电源（DC）：4～30V
磷酸（ρ = 1.8434g/mL）体积分数/%	80	温度：40～45℃
CrO_3 体积分数/%	15	电流密度：1～2A/cm^2

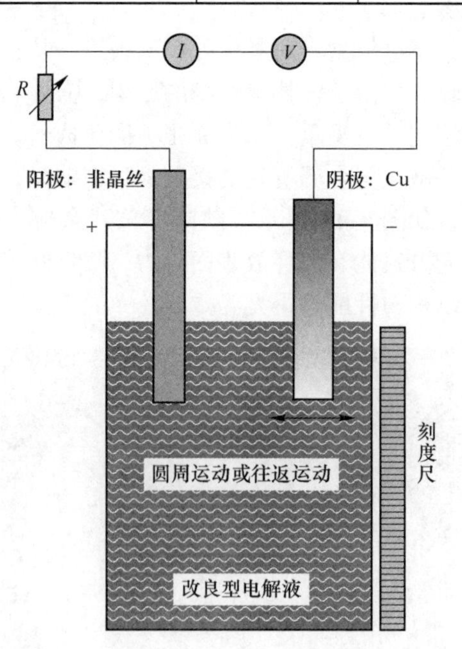

图 4-12　电解抛光微丝装置示意图

4.4.2　电解抛光微丝形貌

图 4-13 给出了电解抛光后微丝的 SEM 形貌，制备态时微小缺陷随着抛光时

间的增加而消失，圆整度变好，同时微丝直径变小，电阻变大。当抛光参数电压为10V、抛光时间为10min时，得到了具有光滑表面的微丝。

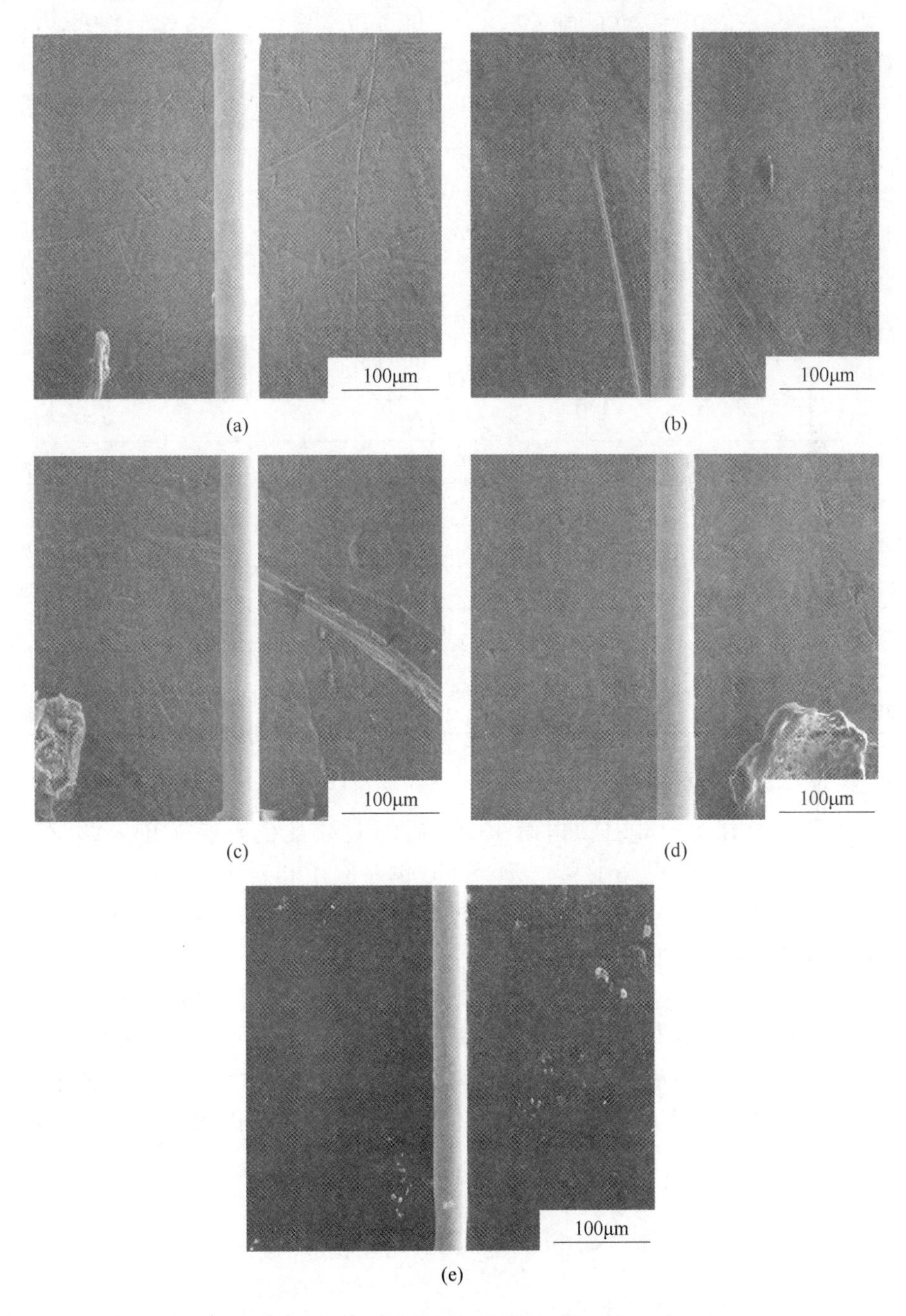

图4-13 电解抛光后微丝SEM形貌

（a）制备态；（b）6V，10min；（c）10V，10min；（d）14V，10min；（e）20V，10min

4.4.3　电解抛光微丝 GMI 性能

表 4-4 给出了阻抗最高比值 $\Delta Z/Z_{max}$、场响应灵敏度 ξ 与电解抛光参数的对应关系数值。截取 Co 基微丝中间部位，长度 $D=6$mm，连入电路进行 GMI 测试。

表 4-4　电解参数（电压 V，时间 t）对应的 GMI 比值和场响应灵敏度 ξ

电解时间	3min	5min	6min	10min	12.5min	15min	响应灵敏度 ξ
制备态							153.3%
							1.28%/Oe
5.8V	195.7%						6.67%/Oe
6V						145.2%	1.88%/Oe
10V				247.1%			31.4%/Oe
11.7V				161.8%			4.71%/Oe
14V		157.9%					13.2%/Oe
14V				128.2%			2.75%/Oe
14V					142.4%		11.3%/Oe
15V			209.6%				17.2%/Oe
16.7V				165.1%			7.04%/Oe
20V				224.4%			9.51%/Oe
21.7V				99.4%			1.41%/Oe

注：1Oe = 79.5775A/m。

结果显示，在 10V 电压、电解 10min 后的 GMI 比值有所提高，$\Delta Z/Z_{max}=247.1\%$，相比制备态提高了 93.8%；同时也对应了相对较高的场响应灵敏度 $\xi=31.437\%/\text{Oe}$。因此与抛光后微丝形貌对照，确定 Co 基微丝最佳电解抛光参数为电压 10V、电解时间 10min。

同时发现，经过抛光后非晶微丝的直径有所变化，并不是小直径的丝（20V，10min）GMI 比值最大，而是表面光滑的丝（10V，10min）GMI 比值与响应灵敏度较高（原因应是抛光后的微丝降低了应力各向异性），以及电阻值的提高；另外，平滑的表面易感生周向场，有助于周向磁导率的提高与 GMI 性能的改善。

4.5　本 章 小 结

本章主要针对微丝表层结构与性能进行了电化学方式处理，采用等间距电镀 Ni、螺旋微电镀 Ni/Cu 与电解抛光方式研究了 Co 基非晶微丝处理前后的畴结构与 GMI 性能，主要结论如下：

（1）非晶微丝等间距环向电镀 Ni 后，$\Delta Z/Z_{max}=251.1\%$，较制备态高出 40.4%；微丝电镀后磁畴结构显示：微丝未镀区域周向畴明显变好，畴壁更清晰，平均畴尺寸为 0.73μm；Ni 镀层表面畴呈迷宫状分布，整体畴取向周向分布；微丝表面畴受到环向 Ni 层磁场影响，磁畴发生倾斜，与周向畴垂直方向畴壁模糊。

（2）螺旋微电镀 Ni 60s 后，螺旋间距为 50～200μm，$\Delta Z/Z_{max}$比值相对制备态有所提高，由制备态的 148.2% 提高到 191.1%，阻抗曲线并未出现上升峰，说明螺旋状 Ni 层磁场对微丝 GMI 性能影响明显；由畴结构得出：1）Ni 层畴呈迷宫状畴分布；微丝表面周向畴分布明显，平均畴尺寸为 0.83μm。2）随着电镀时间增加，微丝表面畴尺寸增大，表明微丝周向场提高，有助于阻抗性能的改善。

（3）电解抛光方式有效改善微丝圆整度并使表面更加平滑，释放残余应力；抛光参数为电压 10V、抛光时间 10min 时，$\Delta Z/Z_{max}=247.1\%$，比制备态时提高 93.8%，场响应灵敏度 $\xi=31.4\%/\mathrm{Oe}$；抛光后易感生各向异性场，有助于 GMI 性能的改善。

5　微丝磁畴结构调制及其与GMI性能的关系

5.1　引　　言

现有文献报道的微丝调制处理方式中[126-128]，直流焦耳热退火方式对GMI性能的改善明显，因为直流电流感生周向场，从而有助于GMI性能的改善。但周向场是何特点，对应微丝具有怎样的磁性或磁结构，未有涉及；同时也缺少对GMI性能中比值与外场量程的相关讨论。因此，明确电流调制的周向场是怎样改善GMI性能的，是单纯改变GMI比值还是场响应灵敏度，亦或是场响应量程大小。另外，优异的GMI效应不仅是追求高的GMI比值，实际应用中响应灵敏度更为重要。而场响应灵敏度又与GMI性能的外场响应量程密不可分。由此，有必要明晰直流焦耳热对微丝畴结构产生怎样的改变，以及磁畴结构与GMI比值与响应量程性能的关系。通过建立改进型直流焦耳热退火方式——阶梯式直流焦耳热退火（stepped joule annealing，SJA），进一步提高GMI比值。同时为了验证微丝GMI效应的趋肤效应，并能够获得更大的外场量程与GMI响应的线性关系，采用了液态介质焦耳热退火方式，该方式不仅能够实现大电流幅值退火，并能获得独特的畴结构与微结构。低温环境中选取低温液氮（热导率 λ 为0.024W/(m·K)）介质实行低温焦耳热退火（cryogenic joule annealing，CJA）；其数据与真空油与无水乙醇两种介质（热导率 λ 分别为0.15～0.17W/(m·K)与0.24～0.25W/(m·K)）中退火数据比较，获得不同于传统焦耳热调制的畴结构与GMI性能。其调制后具有不同的GMI性能的微丝，可应用于不同磁灵敏度传感器的开发。

本章对微丝进行直流焦耳与电解抛光方式处理，获得GMI相关性能，通过微组织与畴结构进一步探究退火怎样的畴结构具有高的GMI比值；给出直流焦耳与电解抛光结合式调制方式对微丝磁畴结构的调控与对应的GMI性能，与直流焦耳比较，更加明确对畴结构调制机制；通过阶梯式焦耳热退火的实验研究，期待获得更高的GMI比值；提出低温焦耳热退火方式，实现大电流退火方式，在液态介质不同热导率与环境温度下实行对微丝的磁畴调控，明确对微丝畴结构的调制效果与影响GMI相关性能。提出熔体抽拉微丝的磁畴结构模型，并提出畴结构与GMI性能的对应性，提出磁畴结构的相关特征。

5.2　直流焦耳与抛光调制微丝磁畴结构与 GMI 性能

选取直径 $D = 30\mu m$、熔体抽拉 $Co_{68.15}Fe_{4.35}Si_{12.25}B_{13.75}Nb_1Cu_{0.5}$ 非晶微丝[129-130]进行直流焦耳热退火，退火微丝长度为200mm；退火时间为180s；截取退火后微丝 $l = 18mm$ 连入阻抗测试电路中，激励电流为10mA，Marker 频率为10MHz；分别对退火电流幅值0～200mA 微丝进行结构、阻抗与磁畴结构研究。

5.2.1　直流焦耳调制微丝磁畴结构与 GMI 性能

5.2.1.1　微丝 GMI 性能

图5-1 给出了电流幅值0～100mA 直流焦耳热退火后的不同频率（0.1～12MHz）下阻抗比值$(\Delta Z/Z)_{max}$随激励外磁场 H 的变化曲线。

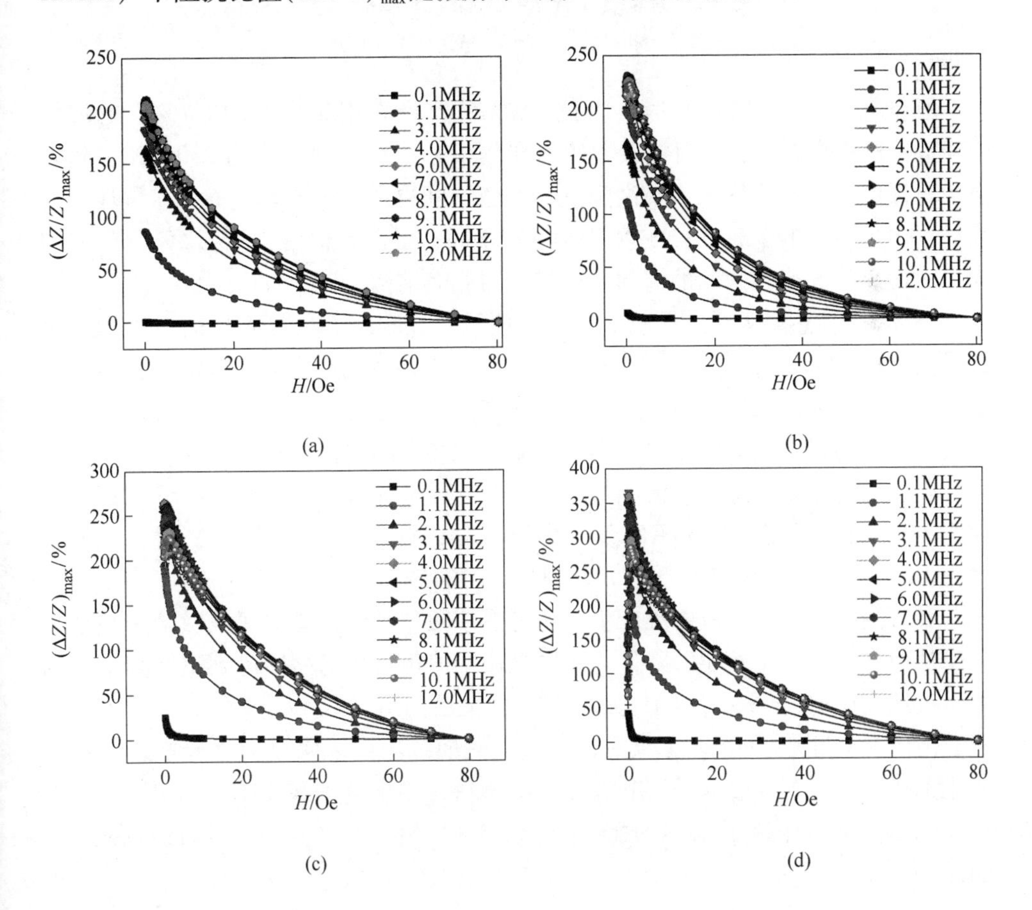

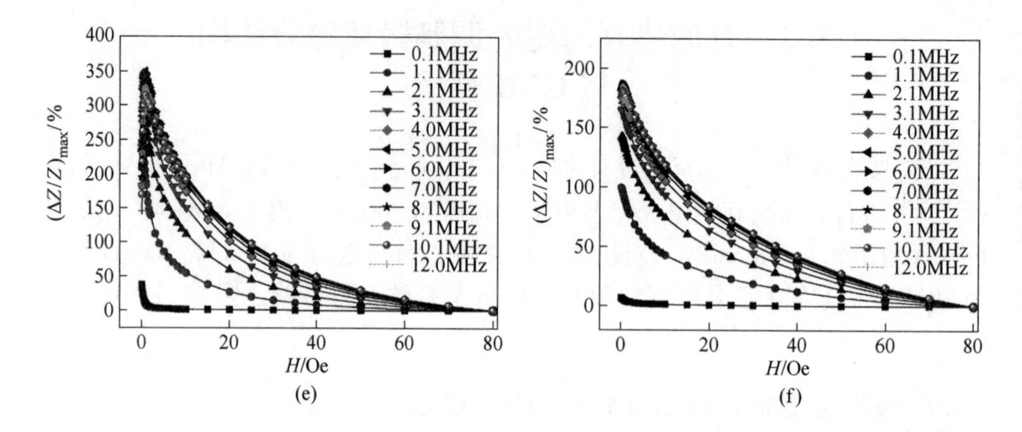

图 5-1　频率 f=0.1～12.0MHz 时 0～100mA 不同电流幅值退火 180s 后的阻抗比值 $(\Delta Z/Z)_{max}$ 随外磁场 H 的变化曲线

(1Oe＝79.5775A/m)

(a) 制备态；(b) I=40mA；(c) I=60mA；
(d) I=80mA；(e) I=90mA；(f) I=100mA

图 5-1 彩图

制备态（as-cast state）时，阻抗 $(\Delta Z/Z)_{max}$ 最高比值约为 210.7%；电流幅值 40mA 焦耳热退火后，阻抗最大比值在频率 f=7MHz 激励下为 230.2%；随着退火电流幅值进一步增大，最高阻抗比值也不断提高。电流幅值 60mA 焦耳热退火后，出现较小的上升峰；在频率 f=4MHz 时，最高比值约为 264.4%，说明增大退火电流能够改善微丝的周向各向异性与磁畴结构。

80mA 焦耳热退火后，阻抗响应更加明显；在频率 f=3.1MHz 时，得到了阻抗最大比值 $(\Delta Z/Z)_{max}$=364.7%；同时，曲线也显示出明显的上升峰；甚至在较低的激励频率下，阻抗比值在小的外磁场强度下也呈现明显的上升趋势，这种弱磁场下对应的阻抗响应性能可应用于对微弱磁场探测的传感器的开发。

随后，继续增大退火电流幅值至 90mA 时，阻抗最高比值略有降低，最高比值为 349.6%；而退火电流幅值增至 100mA 时，阻抗比值明显降低，最高比值只达到 186.9%，该比值甚至低于微丝制备态时的最大值。

其原因主要是大电流退火产生的焦耳热使微丝晶化、局部区域微结构甚至晶化，从而导致其软磁性能的降低。不同电流幅值焦耳热退火后得到不同频率激励下阻抗最高比值 $(\Delta Z/Z)_{max}$ 随外磁场 H 变化关系如图 5-2 所示。

由图 5-1 可知，80mA 退火后，阻抗变化曲线出现了明显的上升峰，且下降变化也很快。图 5-3 给出了该电流幅值退火后，频率范围在 0.1～12MHz 时，阻抗曲线的上升及下降状态随外磁场 H 在 0～0.5Oe 与 3～15Oe 双区间的变化曲线。

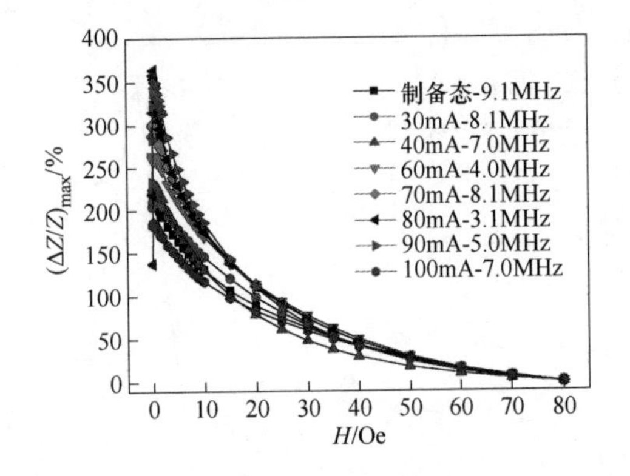

图 5-2 彩图

图 5-2 0～100mA 不同电流幅值退火阻抗最高比值 $(\Delta Z/Z)_{max}$ 随外磁场变化曲线

(1Oe = 79.5775A/m)

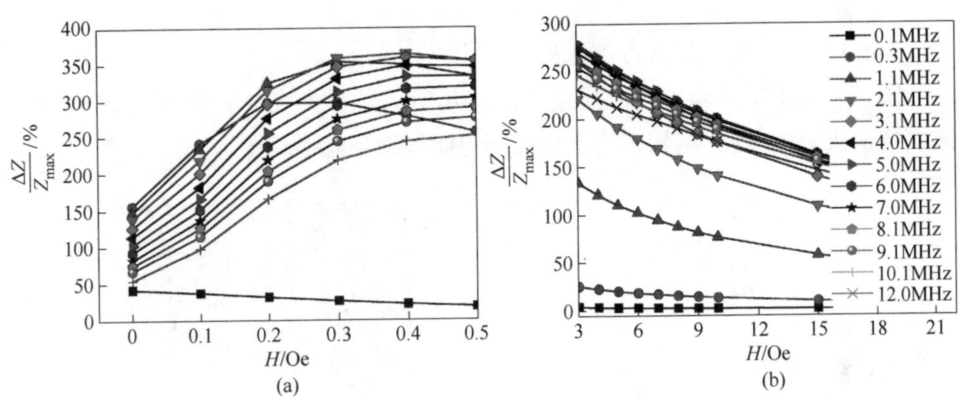

图 5-3 彩图

图 5-3 频率 f = 0.1～12.0MHz 时 80mA 电流幅值退火后阻抗比值在外磁场 0～0.3Oe（a）与 3～15Oe（b）双区间的线性响应曲线

(1Oe = 79.5775A/m)

由图 5-3 可知，阻抗比值在弱磁场激励下明显变大，在 0～0.3Oe 区间具有线性响应特性，并且在较大的外磁场 3～15Oe 区间呈线性下降的特性。这样的双区间响应特性对于传感器开发在弱小磁场及较大磁场的探测方面具有潜在的应用。

图 5-4 给出了不同电流幅值（0～100mA）退火对应的阻抗比值和响应灵敏度 ξ 大小，数据显示了在 80mA 退火后，同时得到了最大阻抗比值 364.7% 和响应灵敏度 ξ = 7.36% · m/A 即 585.7%/Oe，该灵敏度比值为文献报道的最高值。由此可以推断，该电流幅值退火得到的微丝具有较好的磁畴结构与微结构。

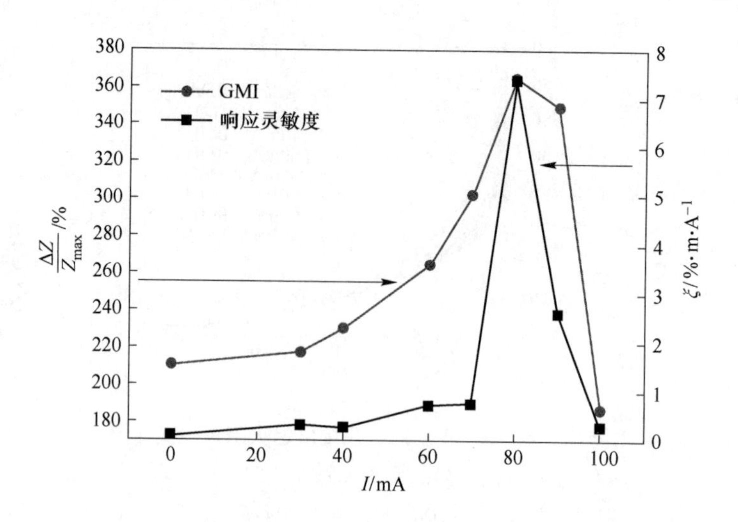

图5-4　GMI比值与响应灵敏度 ξ 随电流幅值 I 的变化曲线

5.2.1.2　微丝的组织与微结构

图5-5给出了 $Co_{68.15}Fe_{4.35}Si_{12.25}B_{13.75}Nb_1Cu_{0.5}$ 微丝制备态、80mA、200mA电流幅值退火后的XRD结构，右上角插图为微丝制备态形貌图。

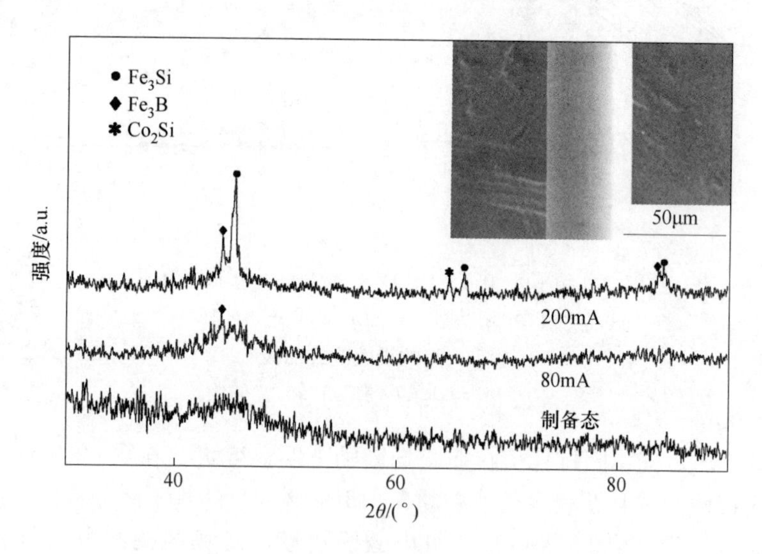

图5-5　$Co_{68.15}Fe_{4.35}Si_{12.25}B_{13.75}Nb_1Cu_{0.5}$ 制备态、80mA、200mA直流电流退火后的XRD图与SEM图

XRD结果可见，制备态时曲线的漫散峰表明微丝为非晶态；80mA退火后，漫散峰有微弱的劈裂，峰位上小的尖端为 Fe_3B 纳米晶析出；200mA电流幅值退火后，微丝晶化明显，微结构分别有 Fe_3B、Fe_3Si 与 Co_2Si 晶体析出。如此，微

丝软磁性能下降。

随后给出几种状态微丝微结构，如图 5-6 所示为微丝制备态、80mA 与 200mA 电流幅值退火后高分辨透射电子显微镜（high-resolution transmission electron microscopy，HRTEM）图像，由图可知，制备态时衍射环为单一的漫散环，为明显的非晶态特征；其 HRTEM 图像与傅里叶变换后图像显示，结构分布无序；80mA 电流幅值退火后，微丝具有高的 GMI 性能。

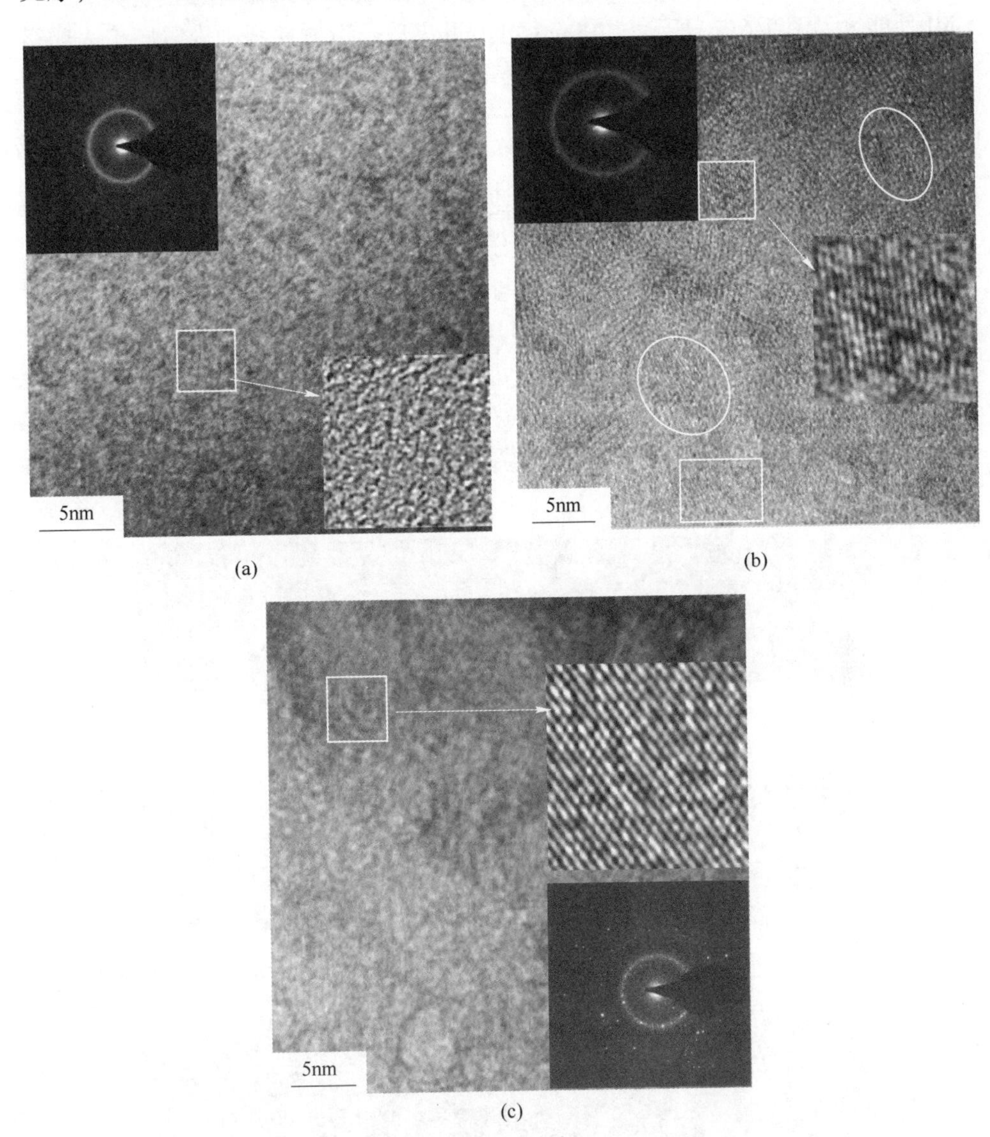

图 5-6 制备态（a）、80mA（b）与 200mA（c）电流幅值退火后 HRTEM 图
（插图为对应的衍射环，箭头所指为方形选定结构的 FFT 与 IFFT 变换）

微结构显示：大量纳米尺度镶嵌在非晶基体上，使局部区域出现了结构有序分布，平均纳米晶尺寸为5nm；这样的结构源于退火过程中电流产生的焦耳热能释放了残余内应力，同时也促使原子结构在纳米尺度上的弛豫，使原子排布有序；大量的小尺度（小于交换相关尺度）纳米晶析出，有助于微丝软磁性能的改善，使退火后微丝易感生磁各向异性场；同时，小尺度纳米晶相也有助于磁导率的增加与磁畴结构的稳定；并且使微丝电阻值降低，饱和磁化强度提高，改善GMI 性能。如图 5-6(c)所示，200mA 电流退火后，衍射环图中大量亮斑表明微丝晶化严重，HRTEM 图显示晶化相尺度较大，甚至达到几十纳米晶相，清晰傅里叶变化图呈现出明显的晶相分布。

5.2.1.3　*微丝的磁畴结构*

焦耳热退火能够释放微丝内应力，使微丝感生周向各向异性场，因此也对微丝磁畴产生一定的影响，使周向畴体积分数增大，从而有助于 GMI 性能的改善。如图 5-7 所示，制备态时，受残余应力与应力分布不均匀的影响，表层畴为不均匀周向畴，略有杂乱，平均畴宽度 $d \approx 1.04\mu m$；30mA 电流幅值退火后，周向畴结构略有改善，平均畴宽度明显提高，$d \approx 1.24\mu m$；80mA 退火后，磁畴结构均匀且周向明显，平均畴尺寸 $d \approx 1.02\mu m$；到 100mA、200mA 磁畴结构又出现缺陷，局部模糊，出现畴壁消失与磁畴吞并现象，平均畴尺寸分别为 1.11μm 与 1.05μm。

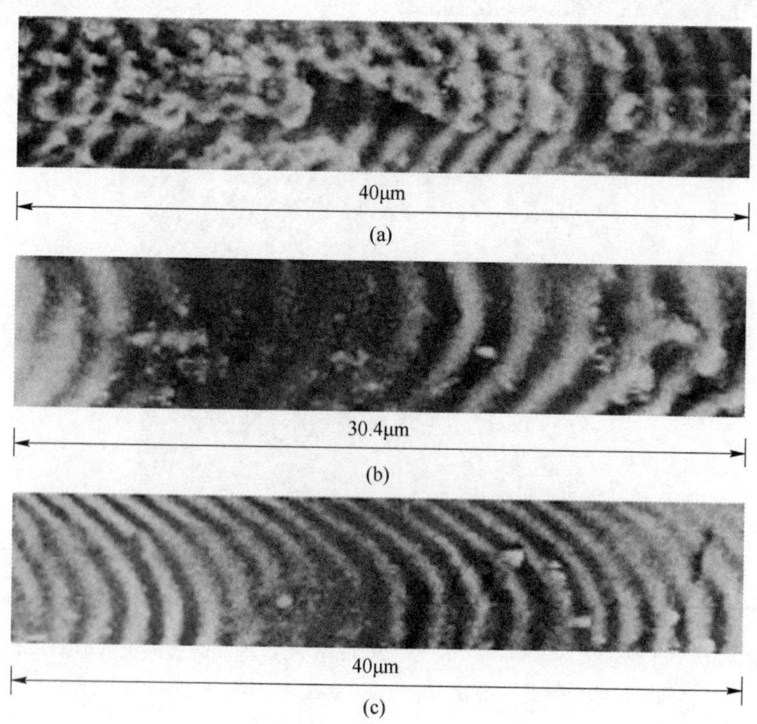

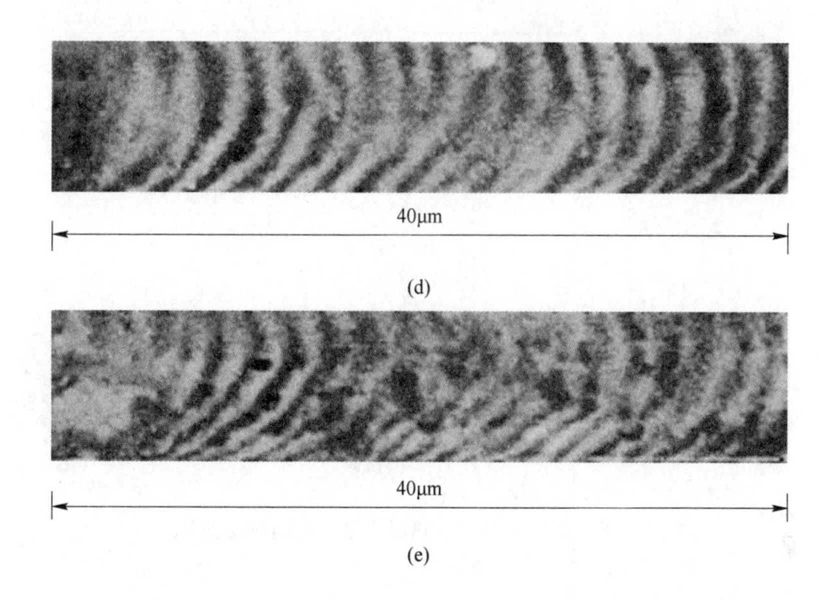

图 5-7 熔体抽拉 $Co_{68.15}Fe_{4.35}Si_{12.25}B_{13.75}Nb_1Cu_{0.5}$ 不同电流幅值退火的磁畴结构
（a）制备态；（b）30mA；（c）80mA；（d）100mA；（e）200mA

200mA 退火畴尺寸降低可能是由于焦耳热过大，导致微丝局部晶化与灼烧引起的畴壁钉扎现象；同时周向畴被损坏，磁畴吞并严重，从而促使附近磁畴被挤压引起周向畴尺寸下降。

微丝表面畴结构的转变可以解释 GMI 效应的高低：制备态时，由于制备过程中较大的残余应力导致的应力各向异性较大，表现出磁畴的不均匀。当电流增大，形成的周向磁场改变了微丝的磁畴分布，使周向磁化有序；80mA 电流幅值退火后，周向磁畴结构均匀，这时周向磁导率最大，GMI 比值最高。继续增大电流值，由于电流产生的焦耳热能过大，其能量改变了原子结构与畴分布，同时产生了钉扎作用，降低了周向磁导率与周向各向异性场，从而 GMI 效应减小。

图 5-8 给出了室温下制备态与焦耳热退火微丝轴向 M/M_s 磁化曲线。退火电流分别为 30mA、80mA 与 100mA；周向磁场为 -500 ~ 500Oe。通过计算，微丝磁化后不同状态的剩磁与饱和磁化强度比值 M_r/M_s 分别为：制备态 0.045，30mA 退火后 0.038，80mA 退火后 0.006，100mA 退火后 0.025。80mA 电流幅值退火后的 M_r/M_s 较小，说明退火后微丝壳层畴体积占有很大比例，周向各向异性场明显提高。M_r/M_s 预示着微丝芯部的轴向畴的径向尺寸与微丝半径尺寸之比。因此，80mA 退火壳层的周向畴占据微丝整个畴更大比例，改善了周向磁导率，有助于 GMI 性能进一步提高。

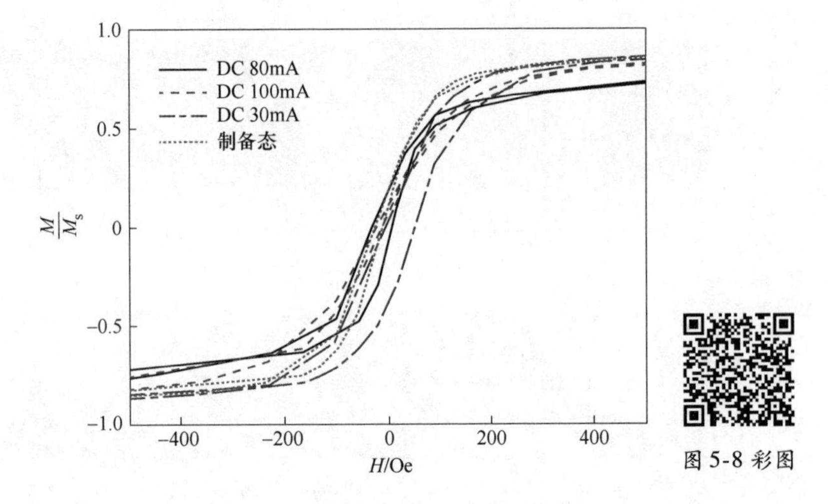

图 5-8　制备态与焦耳热退火微丝轴向磁化曲线
(1Oe = 79. 5775A/m)

5. 2. 2　直流焦耳热退火与抛光调制微丝磁畴结构与 GMI 性能

5. 2. 2. 1　直流焦耳热退火与电解抛光调制微丝磁畴结构

如图 5-9 所示为直径 30μm 的 $Co_{68.15}Fe_{4.35}Si_{12.25}B_{13.75}Nb_1Cu_{0.5}$ 微丝 0 ~ 100mA 直流焦耳热退火后的微丝表面不同区域畴平均宽度统计，这一数据为第 5. 2. 1 节直流退火畴宽度的数据统计。

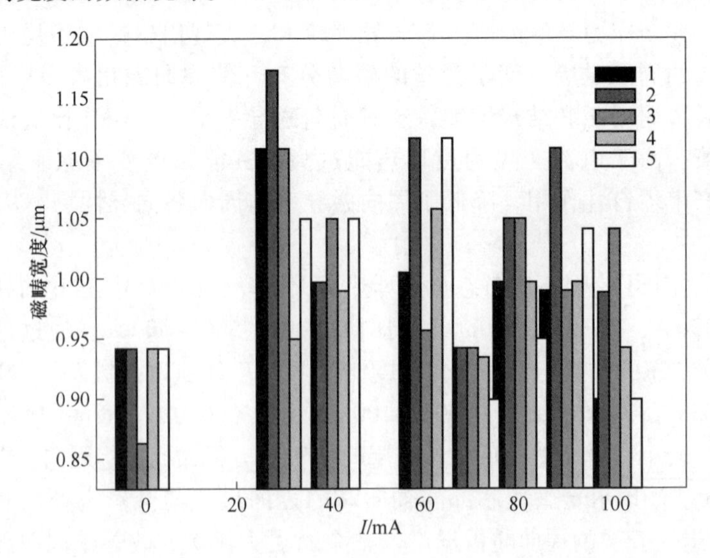

图 5-9　0 ~ 100mA 直流焦耳热退火 $Co_{68.15}Fe_{4.35}Si_{12.25}B_{13.75}Nb_1Cu_{0.5}$ 平均周向畴宽度

前文提及，80mA 电流退火的磁畴平均宽度相对制备态有所提高，但并非畴尺寸最大；其磁畴结构显示，80mA 电流幅值退火后的周向畴分布均匀，畴壁清晰；周向条纹完整，缺陷少；表面亮斑点为凸起所致[109]。如图 5-10 所示为瑞利波 3D 形貌与畴结构，受表面张力与径向应力的影响，周向畴分布不均匀，畴尺寸差别大。因此可以尝试直流焦耳热退火与电解抛光结合来改善微丝畴结构，进而提高 GMI 性能。

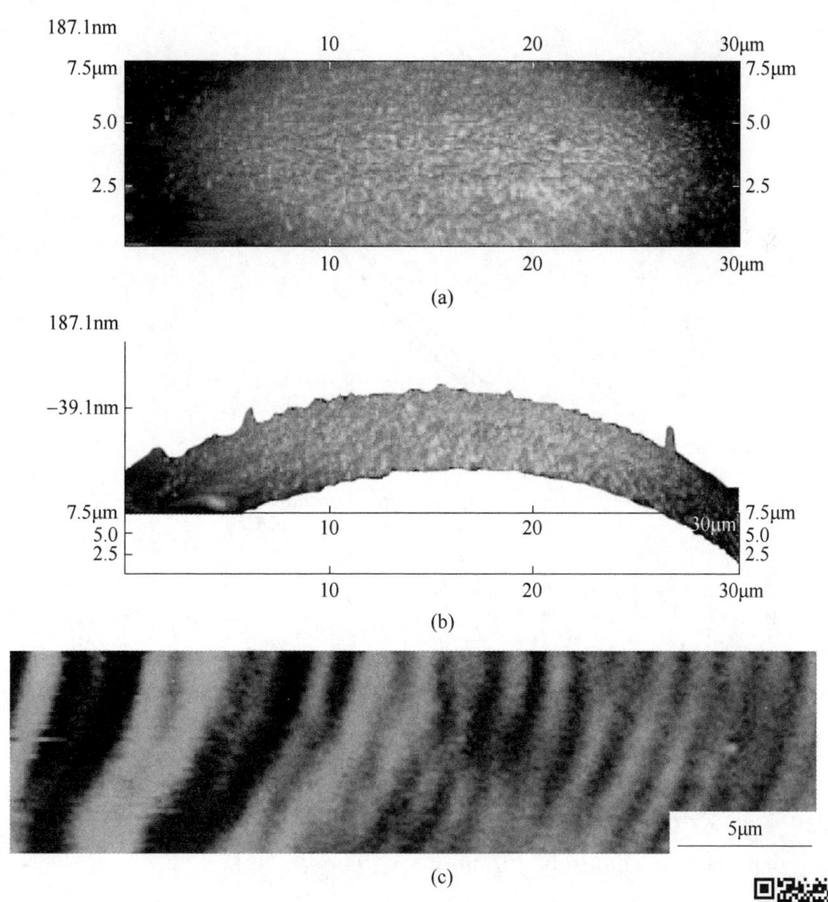

图 5-10 微丝瑞利波缺陷形貌(a)(b)及畴结构(c)

图 5-10 彩图

根据前文研究结果分析，退火后电解抛光对微丝畴结构改善更有效果。若先抛光则破坏了微丝的“壳层”畴，GMI 测试结果显示：周向磁各向异性被消除。尽管 GMI 比值略有提高，但曲线单调降低，失去了其对微弱外磁场响应的特性，不利于传感器件方面的应用。

因此，采取先直流焦耳热退火再电解抛光的复合式处理来改善微丝周向畴结构，进而实现对 GMI 性能的调制。如图 5-11 所示为直径 50μm 的 $Co_{68.15}Fe_{4.35}Si_{12.25}B_{13.25}Nb_1Cu_1$ 不同状态（80mA 电流退火、制备态及 80mA 电流退火后电解抛光处理）磁化曲线。退火参数：80mA 电流幅值焦耳热退火 10min。电解抛光参数：抛光电压为 3.3V，抛光时间为 20min，抛光电流密度为 $1.53\times10^6A/dm^2$。由图 5-11 可见，相对制备态，80mA 电流退火后，饱和磁化强度明显提高，软磁性能变好。80mA 电流退火后电解抛光 20min，饱和磁化强度又进一步提高；从磁化曲线斜率来讲，80mA 电流退火后 *M* 曲线斜率大些，说明对应的磁导率更大。

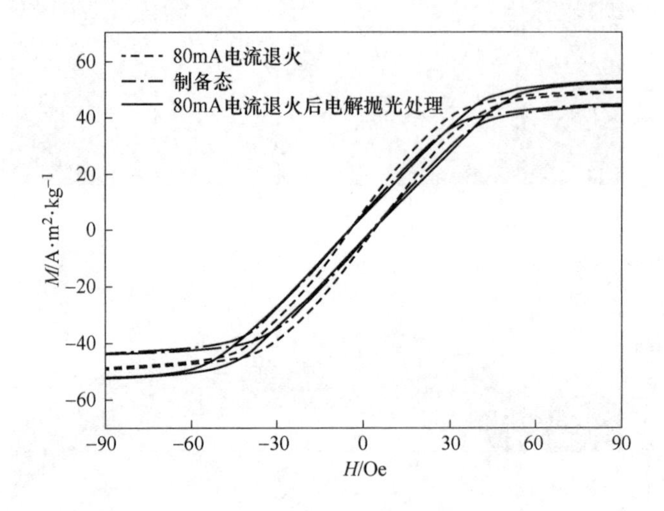

图 5-11　$Co_{68.15}Fe_{4.35}Si_{12.25}B_{13.25}Nb_1Cu_1$ 磁化曲线

（1Oe = 79.5775A/m）

图 5-12 给出了微丝经过 80mA 退火与抛光后对应的表面畴结构，周向畴平均宽度为 0.82μm；亮暗条纹周向明显，但条纹粗细不均，局部区域出现模糊，这些特点源于电流退火使原子分布发生弛豫，微区成分不均匀导致受热不均匀；抛光作用也将最外层明显的周向畴剔除，感生的周向畴局部会不明显，但平滑表面有利于周向各向异性场的提高，有助于 GMI 性能的改善。

图 5-12　80mA 退火与抛光后微丝畴结构

5.2.2.2 直流焦耳热退火与电解抛光调制微丝GMI性能

相应的GMI特性如图5-13所示。微丝阻抗测试长度为19mm，交变电流激励幅值20mA，轴向提供最大外磁场强度99Oe。GMI数值曲线显示，微丝经过80mA电流退火与抛光后阻抗性能提升明显。制备态的$\Delta Z/Z_{max}$最高比值为207.2%，对应的周向各向异性场$H_k=0.5$Oe；80mA电流幅值退火后$H_k=1.5$Oe，$(\Delta Z/Z_{max})_{max}=302.0\%$；80mA退火结合电解抛光后微丝的阻抗最高比值$(\Delta Z/Z_{max})_{max}=441.7\%$；相应的周向各向异性场$H_k=1.4$Oe。如此可见，80mA电流退火改善了微丝周向各向异性场，使微丝周向畴体积分数增大，有助于周向磁导率与GMI性能的改善；而80mA电流退火结合电解抛光后微丝的表面更加平滑，虽然抛去部分壳层周向畴，但也除去了表面应力，更易感生周向各向异性场，使GMI性能得到更加明显的改善。

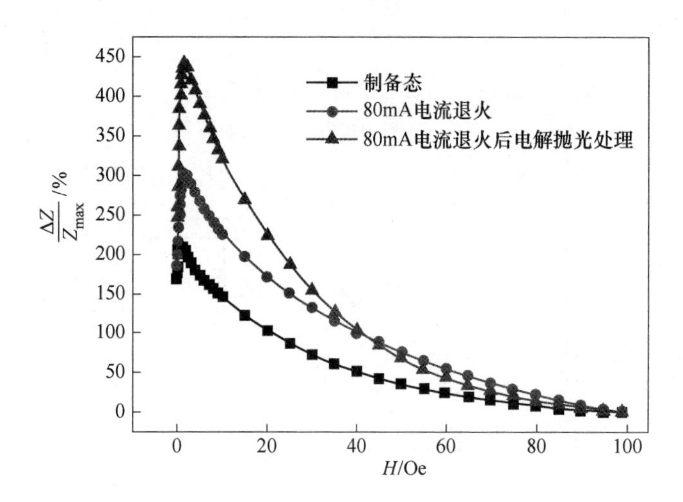

图5-13 制备态、80mA电流退火及抛光后$\Delta Z/Z_{max}$随外磁场变化曲线

(1Oe=79.5775A/m)

5.3 阶梯式焦耳（SJA）调制微丝畴结构与GMI性能

作为磁敏感器件，要求材料具有高的阻抗变化率$\Delta Z/Z_{max}$的同时，兼具磁场响应灵敏度的性能。2000年，K. R. Pirota等人[131]对玻璃包裹丝采用焦耳热真空退火，在160Oe的外磁场驱动下阻抗比值600%，为目前报道非晶微丝具有的最高比值。然而，针对微型高灵敏度传感器件来说，玻璃层的存在有碍电路连接，同时施加的外磁场也较大；此退火工艺关键是保持真空状态，在技术操作方面难度大，并且对封装设备精度要求极高，一直未得到广泛应用与推广。焦耳热退火电

流大小至关重要，电流密度太小实现不了退火的效果；电流密度过大则易使微丝晶化甚至灼烧。本节采用一种复合式退火方式——阶梯式焦耳热退火（stepped joule annealing，SJA），阶梯式增加的电流密度通过微丝即实现了应力释放，结构充分弛豫，逐步增强周向各向异性场，同时实现微丝组织均匀，避免了局部过热与畴壁钉扎现象。

本节对 $Co_{68.15}Fe_{4.35}Si_{12.25}B_{13.25}Nb_1Cu_1$ 非晶微丝采用阶梯式焦耳热退火方式，通过磁力显微镜观测了不同电流幅值退火后磁畴结构的状态，并得到了熔体抽拉丝具有较高的阻抗性能；期待定性给出理想的磁畴结构特点。

5.3.1　阶梯式焦耳调制微丝 GMI 性能

对熔体抽拉 $Co_{68.15}Fe_{4.35}Si_{12.25}B_{13.25}Nb_1Cu_1$ 微丝进行阶梯式焦耳热退火处理，如图 5-14 所示。

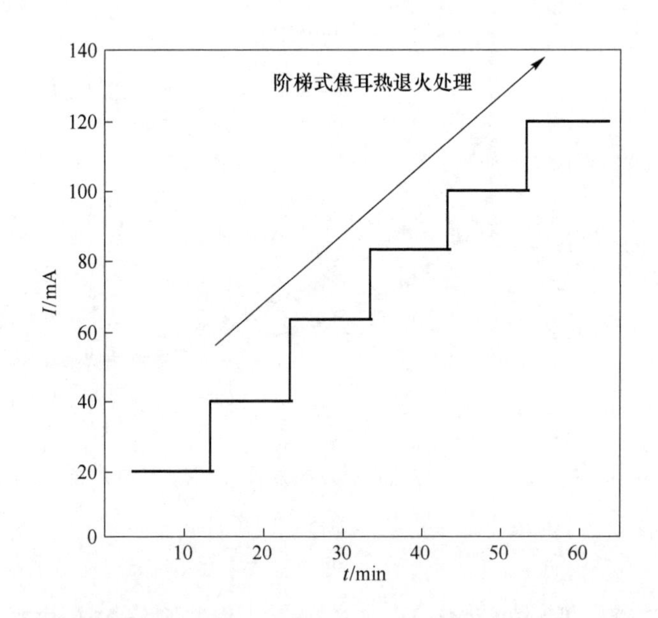

图 5-14　阶梯式焦耳热退火（退火电流幅值-退火时间）示意图

退火后进行磁畴观测与阻抗测试，具体退火流程：选取表面平滑、直径为 45μm、长度为 20mm 的非晶微丝，将微丝两端用铜质平头卡具固定，并置于零磁屏蔽空间中进行阻抗测试；交流信号激励电流幅值为 20mA，亥姆赫兹线圈提供 100Oe 最大轴向外磁场；完成后，逐步调节退火电流至 40mA、60mA、80mA、100mA 后分别完成阻抗测试，退火时间均为 600s。

图 5-15 给出了熔体抽拉 $Co_{68.15}Fe_{4.35}Si_{12.25}B_{13.25}Nb_1Cu_1$ 微丝经过阶梯式焦耳热退火后不同电流幅值对应的 $\Delta Z/Z_{max}$ 比值随外磁场变化。

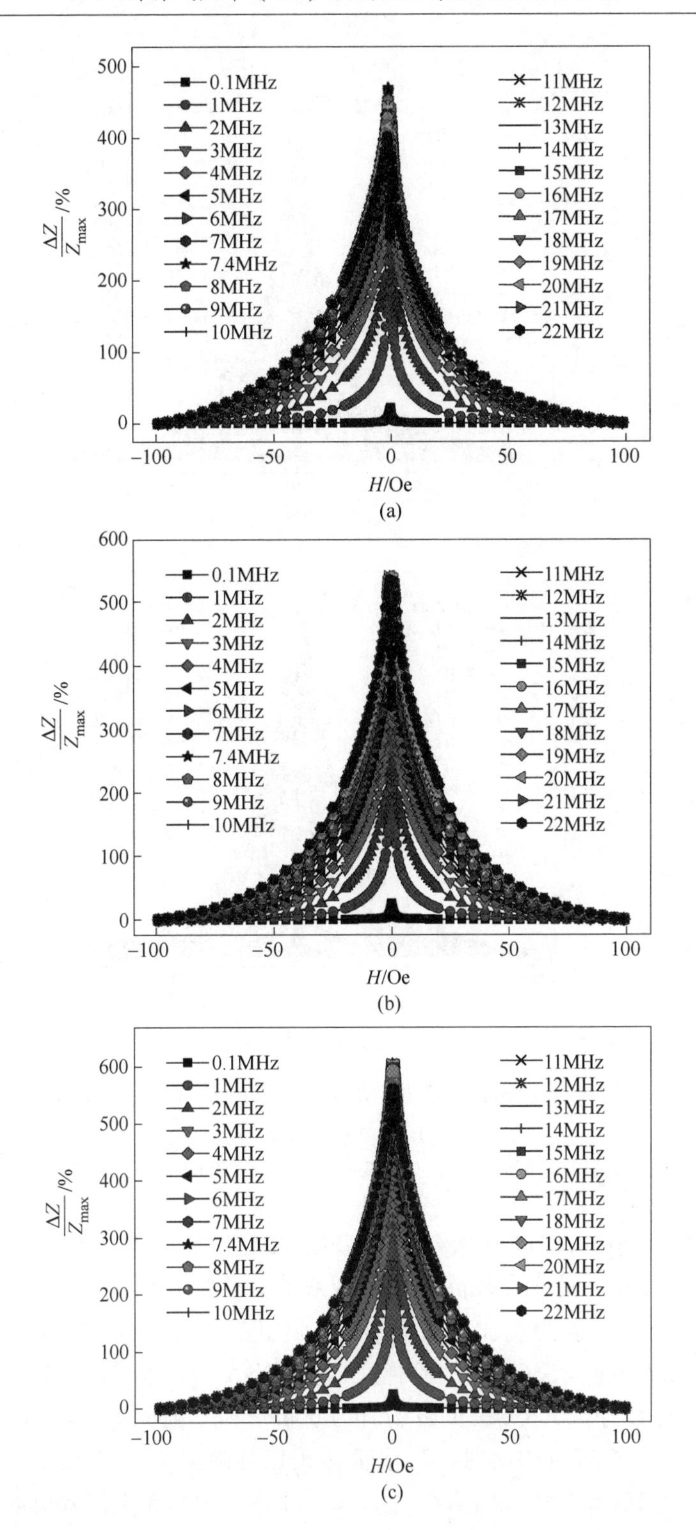
0.1MHz
1MHz
2MHz
3MHz
4MHz
5MHz
6MHz
7MHz
7.4MHz
8MHz
9MHz
10MHz
11MHz
12MHz
13MHz
14MHz
15MHz
16MHz
17MHz
18MHz
19MHz
20MHz
21MHz
22MHz
$\frac{\Delta Z}{Z_{max}}$/%
H/Oe
−100
−50
0
50
100

(a)

(b)

(c)

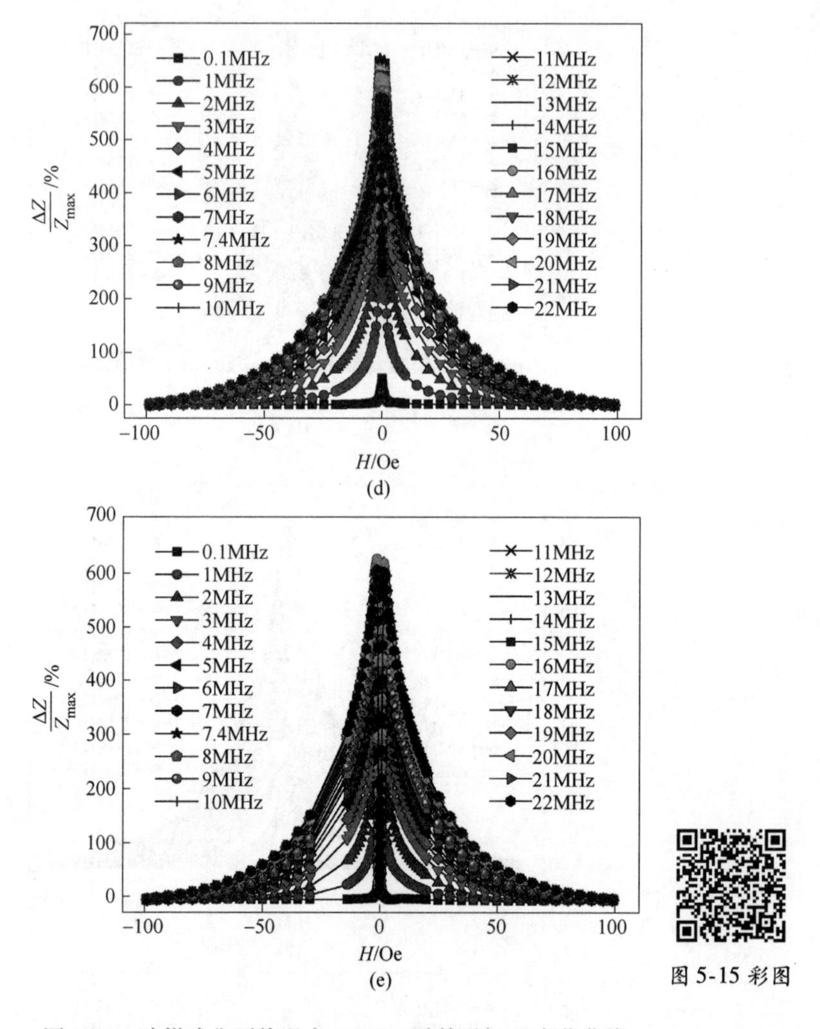

图 5-15　阶梯式焦耳热退火 $\Delta Z/Z_{max}$ 随外磁场 H 变化曲线

(1Oe = 79.5775A/m)

(a) 制备态；(b) 40mA SJA；(c) 60mA SJA；(d) 80mA SJA；(e) 100mA SJA

发现直径 45μm 该成分微丝的制备态阻抗比值较高，在 f = 7.4MHz 时，$\Delta Z/Z_{max}$ = 469.6%，此时在较高频中出现双峰。阶梯式 40mA 电流幅值退火后，在频率 f = 12MHz 时，阻抗比值出现双峰：在正磁场最大值 $\Delta Z/Z_{max}$ = 540.5%，负磁场时为 $\Delta Z/Z_{max}$ = 536.6%。阶梯式退火 60mA 后，在 f = 11MHz 时，在正磁场得到的最大值为 605.4%；负磁场时为 604.6%。当阶梯式电流幅值 80mA 退火后，交流频率 f = 7.4MHz 时，实现阶梯式焦耳热退火的最大比值：在正磁场 $\Delta Z/Z_{max}$ = 654.1%，负磁场时 $\Delta Z/Z_{max}$ = 650.2%。100mA 电流幅值退火后，仍获得很高的GMI比值；交流频率$f=16\text{MHz}$时，在正磁场得到的最大值为631.9%；负磁场时为624.6%。

阶梯式焦耳热退火相对于文献报道阻抗性能最好的数值仍有提高[131]。制备态的$\Delta Z/Z_{max}$比值比玻璃包裹丝制备态高近50%；$Co_{68.15}Fe_{4.35}Si_{12.25}B_{13.25}Nb_1Cu_1$非晶微丝80mA阶梯式焦耳热退火后$\Delta Z/Z_{max}$比值比玻璃包裹丝70mA真空焦耳热退火后高54%之多。同时，该实验得到的另一个理想的结论为：在100mA阶梯式焦耳热退火后的$\Delta Z/Z_{max}$比值仍然很高，达到了631.9%与624.6%；响应灵敏度ξ达到了401.0%/Oe与397.5%/Oe；并具有较大的响应量程-1.5~0Oe与0~1.5Oe。因此，100mA焦耳热退火后微丝更适合在GMI传感器方面应用。

为了更清晰看到阻抗性能，表5-1给出了不同电流幅值阶梯式焦耳热退火后各阶段阻抗相应数值统计，同时与文献报道[131]阻抗比值进行比较。

表5-1 阶梯式焦耳热退火不同状态$Co_{68.15}Fe_{4.35}Si_{12.25}B_{13.25}Nb_1Cu_1$微丝阻抗性能

编号	微丝处理状态（直径45μm、长度20mm）	退火电流密度 /A·dm^{-2}	GMI比值 /%		响应灵敏度 ξ/%·Oe^{-1}		响应外磁场量程/Oe	
			负场	正场	负场	正场	负场	正场
1号	制备态	0	469.6	443.6	96.2	224.8	-0.9~-0.15	-0.25~0.1
2号	1号+40mA SJA 10min	2.515×10^5	540.5	536.6	240.9	234.9	-0.7~-0.05	-0.05~0.6
3号	2号+60mA SJA 10min	3.773×10^5	605.4	604.6	140.7	85.9	-0.35~-0.05	-0.05~0.5
4号	3号+80mA SJA 10min	5.030×10^5	654.1	650.2	313.3	308.7	-0.9~-0.05	-0.05~0.8
5号	4号+100mA SJA 10min	6.288×10^5	631.9	624.6	401.0	397.5	-1.5~0	0~1.5
6号	玻璃包裹丝制备态	0	420		95			
7号	玻璃包裹丝70mA真空焦耳热退火	3.996×10^6	600		320			

注：1Oe=79.5775A/m。

5.3.2 阶梯式焦耳调制微丝磁畴结构

如图5-16所示为采用磁力显微镜方法得到的微丝制备态、100mA SJA与

120mA SJA 后的形貌与磁力图，测试长度为 30μm。阶梯式退火方式能够更明确不同阶段焦耳热对微丝产生的影响，并且能够及时得到相应的磁畴结构，从而明确怎样的磁畴结构对应怎样的 GMI 性能，相比其他方式，这种退火得到的数据更精确，更有说服力。

由 MFM 图的畴结构可知，微丝制备态图 5-16(a)，受制备过程中应力及成型因素的影响，表面不平滑；大部分表面区域应力过大与粗糙均对表面周向磁畴产生一定的影响，该区域畴壁模糊，但表面磁力图局部区域已明显具有周向取向畴，只是周向畴体积分数较小，平均畴宽度 0.95μm；阶梯式退火后，100mA 退火后，微丝表面在焦耳热能作用下，应力得到充分释放，原子实现结构弛豫，平滑度得到改善；此时，畴结构发生改变，周向畴分布增多，同时伴有交错畴出现，平均畴宽度增至 0.98μm，如图 5-16(b)所示；当 120mA 阶梯式退火后，表面畴周期分布明显，局部又出现畴壁模糊，平均畴宽度降至 0.88μm；虽然周向畴更加有序，但焦耳热能对周向各向异性场的贡献却降低，局部区域畴壁模糊可能源于焦耳热能过大导致组织晶化或氧化而破坏了周向畴。

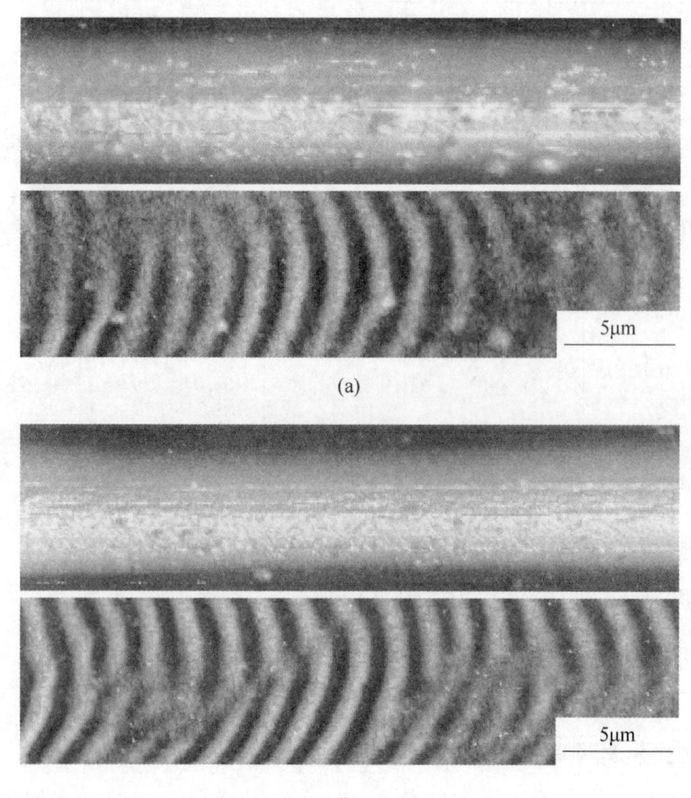

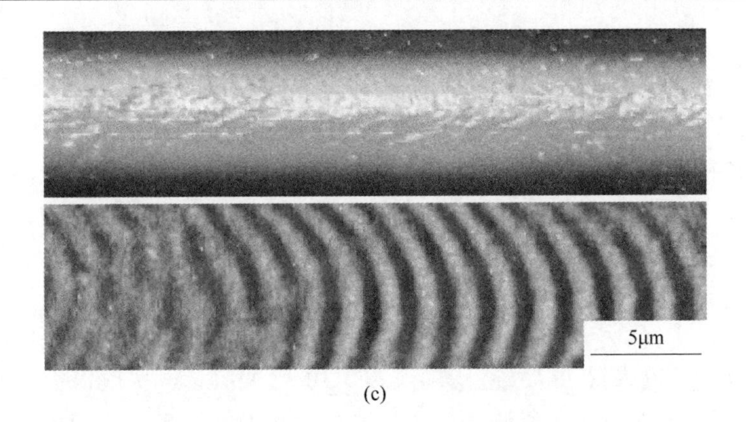

(c)

图5-16 熔体抽拉 $Co_{68.15}Fe_{4.35}Si_{12.25}B_{13.25}Nb_1Cu_1$ 微丝阶梯式不同电流幅值退火的表面形貌与磁畴结构
（a）制备态；（b）100mA；（c）120mA

阶梯式焦耳热退火（SJA）方式能够有效提高微丝内部组织的均匀性、逐步感生周向各向异性，提高磁导率，更易于获得高的GMI性能。

结合GMI性能，发现Co基微丝具有高的GMI比值与高的响应灵敏度的表面畴结构应具有以下3个特征：（1）表面畴为单一的周向畴，没有其他杂散畴；（2）畴壁清晰，规律分布；（3）周向畴平均宽度约为1μm。

基于此，可以通过磁畴结构的调制获得不同的更理想的阻抗性能。

5.4 低温焦耳热（CJA）调制微丝畴结构与GMI性能

Co基非晶微丝具有优异的GMI效应，可用于高灵敏度的微型GMI传感器开发。一方面，阻抗性能源于趋肤效应，获得较大阻抗比值需要具有较小的趋肤深度 δ、小的电阻 R_{dc} 和较大的周向磁导率 μ_{φ}，而这些物理性能却与微丝表面畴结构和表层微结构紧密相关。目前，对表面微结构与畴结构进行处理并提高GMI性能的研究相对较少，阻抗比值与这两者的关系也尚未明晰[132-134]。另一方面，从微型磁敏传感器应用角度出发，需要阻抗性能具有较高比值，较快的磁场响应灵敏度，并伴有较大的响应量程[131,135]。然而，微丝具有较大的响应量程往往是以牺牲高响应灵敏度来获得的，该出发点限制了微型传感器的广泛应用。基于这一背景，为了兼顾获得高的GMI比值，同时得到较大的响应量程，采取新型的退火方式——液态介质焦耳热退火。

首先尝试一种新型的低温液氮介质中焦耳热退火方式，简称为“低温焦耳热退火”。该方式能够有效调控微丝的各向异性场，并且能有保护微丝表面“壳层”的非晶态微结构。除此之外，低温液氮环境在一定程度上抑制了微丝表面畴结构的转变，一定程度上提高了磁场响应灵敏度。

如图 5-17 所示为低温焦耳热退火的装置示意图。退火时，将微丝浸入液态介质中，微丝两端采用平口铜质夹具装置固定微丝两端，保证微丝处于自然松弛状态；可调稳压恒流源系统提供给微丝所需退火电流，可逐步调节电流幅值，进行退火处理。截取每根退火后微丝的中部 18mm 连入阻抗测试电路中，在零磁屏蔽空间进行阻抗测试；测试设备为安捷伦 4294 阻抗分析仪，亥姆赫兹线圈提供轴向外磁场，其交流激励电流幅值为 20mA。退火时，采用的直流焦耳热退火的卡具为铜质平头夹具，便于连接，同时也会避免引入杂质的微弱磁场影响微丝的磁性。熔体抽拉微丝成分为 $Co_{68.15}Fe_{4.35}Si_{12.25}B_{11.25}Nb_2Cu_2$，选取退火微丝直径约 30μm，长度约为 150mm；经调整后，将退火时间确定为 240s；随后，进行组织结构、表面畴结构和阻抗测试分析。在液氮焦耳热退火过程中，电流由 0mA（制备态）一直增至 350mA。电流幅值与电流密度大小对应为：50mA、100mA、200mA、250mA、300mA、350mA，对应电流密度 7.074×10^5 A/dm²、1.415×10^6 A/dm²、2.829×10^6 A/dm²、3.537×10^6 A/dm²、4.244×10^6 A/dm²、4.951×10^6 A/dm²。

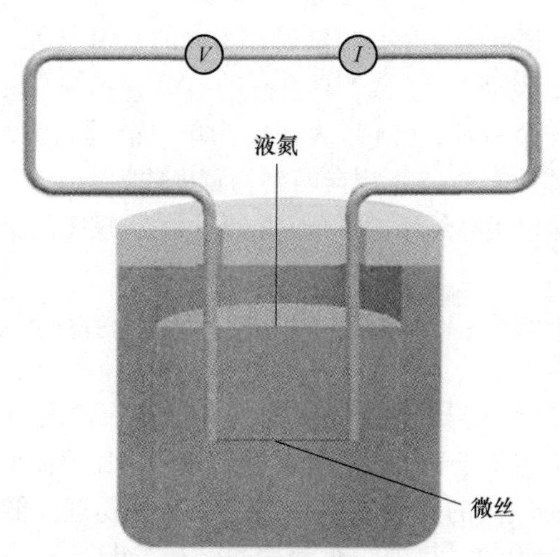

图 5-17　微丝低温焦耳热退火装置示意图
（外层为绝热材料）

5.4.1　低温焦耳热调制微丝微结构

实验中，将低温液氮退火与传统焦耳热退火后的微丝结构与性能进行比较，以便更明晰该退火方式的优劣性[136-142]。

图 5-18 给出了制备态、低温焦耳热退火（CJA）与传统焦耳热退火（JA）后微丝的微结构。对液氮介质退火后的熔体抽拉微丝进行高分辨透射电子显微镜分析，放大区域为经过快速傅里叶变换图。

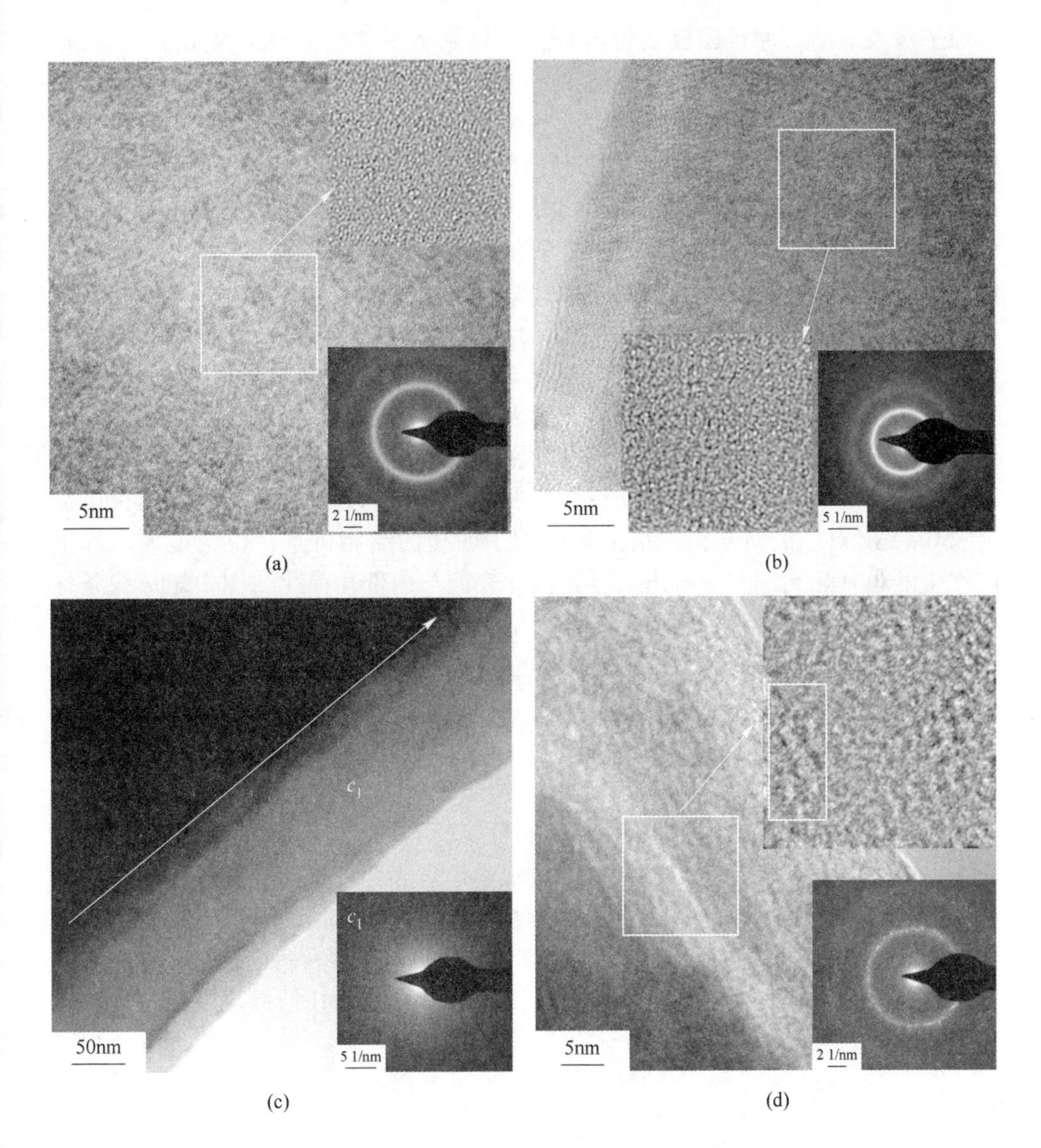

图 5-18 制备态（a）、100mA 焦耳热退火（b）、300mA（c）和 350mA（d）低温焦耳热退火后微丝透射图

（插图为对应选择区域的衍射图样，白框标出对应的高分辨区域）

如图 5-18(a)所示，制备态时，组织观测不到明显的晶相，其衍射环为漫散晕环，没有明显的晶向斑出现，表明制备态微丝为典型的非晶结构。图 5-18(b)为微丝经过 100mA 焦耳热退火后的透射与高分辨图，图中箭头所示为选定方框区域经过快速傅里叶正-逆变换（FFT-IFFT）后得到的图像，由图可知，100mA JA 退火后，同心晕环密集，但不清晰，说明微丝状态仍以非晶为主；同时，放

大原子构象显示，原子团簇变得清晰，呈局域有序状态，但长程无序。300mA CJA 后，如图 5-18(c)所示，可明显地看出微丝具有双层结构，箭头方向为微丝的轴向，由 c_1 位置的衍射晕环可以明确表面壳层结构为非晶态，壳层厚度约为 100nm，内部为晶态，壳层的非晶态与内部的晶化态之间约有 15nm 厚的过渡层。这种独特的结构主要源于两方面：较大的电流产生的焦耳热导致微丝内部晶化现象；同时，传热过程中，一部分热量传给微丝周围的低温液氮，导致液氮气化。内部源源不断的焦耳热导致微丝内部晶化；而微丝表面包围着低温液氮，辐射到表面的热量被及时传出，使微丝表面的温度不致过高，避免了表面壳层的晶化。该过程为一复杂的传热过程，退火过程中，微丝表面被一层液化气保护，气泡不断传出，带走热量，然而，微丝表面的温度与气层的厚度很难测量，所以退火电流的大小对微丝结构与磁性的影响很大。只有平衡好产生的焦耳热与液氮冷却率之间的关系，才能获得壳层的非晶态结构。图 5-18(d)为退火电流为 350mA 时对应的微结构，衍射环出现了明显的晶相斑点，说明更大焦耳电流产生的焦耳热无法完全排出，导致微丝表面与内部均晶化，图中矩形线条标识区域原子呈有序排列，十几甚至几十纳米的纳米晶尺寸极大地改变了微丝的结构，同时微丝整体晶化，磁晶各向异性能提高，也不利于微丝的软磁性能与磁响应灵敏度[143-146]。

5.4.2 低温焦耳热调制微丝畴结构

磁畴结构是磁性材料的固有性能，而且经过不同方式处理，磁畴结构均有变化。书中采用磁力显微镜（MFM）方法观测微丝表面的磁畴结构，为静态畴结构。虽然得到的是静态结构，但对微丝的其他性能（磁化、阻抗等性能）却能产生极大的影响，有时甚至起到决定性作用。所以有必要获得畴结构，并用来建立与其他磁性能的联系，调制并改善与其紧密相关的 GMI 性能，用于各种磁敏传感器的开发与应用。

图 5-19 为制备态及经过 100mA JA、200mA CJA、300mA CJA、350mA CJA 退火的微丝表面畴结构。

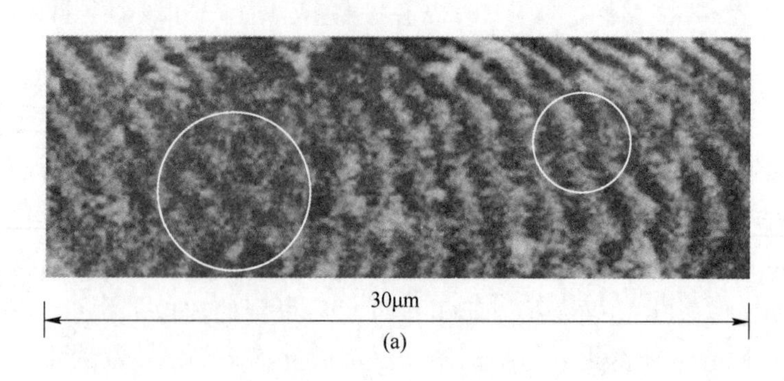

(a)

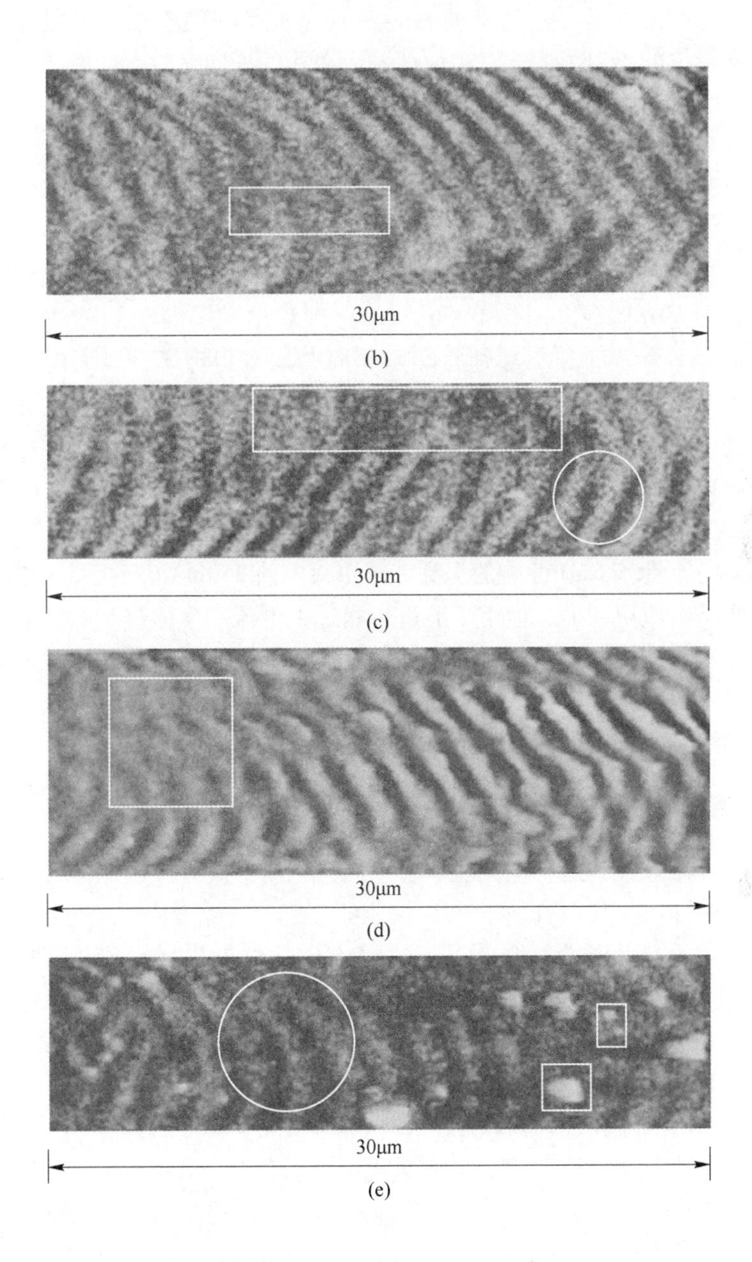

图 5-19　熔体抽拉 Co 基非晶微丝制备态（a）、焦耳热退火 100mA（b）与低温焦耳热退火 200mA、300mA、350mA（c）~（e）后的磁畴结构（标尺指向微丝轴向）

由图 5-19 可见，微丝表面畴均由周向畴与迷宫畴组成，迷宫畴尺寸宽度为 100 ~ 200nm，而周向畴尺寸略有不同。制备态如图 5-19(a)所示，微丝表面呈现微弱且不均匀的周向畴，不清晰的磁畴壁是因为受到制备过程中残余应力的影响；由圆圈标出的不清晰的迷宫畴恰似镶嵌在弱的周向畴中，此时周向畴的平均宽度为 0.85μm。100mA JA 退火的微丝畴结构与 200mA CJA 的畴结构相似，如图 5-19(b) ~ (c)所示，其原因可能是这两种退火条件对微丝表面畴结构具有相似的影响，前者焦耳热相对较小，后者有液氮冷却与热量传出作用导致磁畴发生一定的改变。

相对于 200mA CJA 的微丝，100mA JA 的微丝周向畴更明显，该性能可以在 GMI 性能方面充分体现。图 5-19(b) ~ (d)中均出现了畴壁的移动与消失现象（矩形框标出）。然而，退火后迷宫畴与周向畴均变得清晰，且周向畴有序度提高，该性能有助于 GMI 性能改善。通过比较可知，300mA CJA 退火后微丝周向畴得到很好的改善，周向有序度进一步提高。此时，迷宫畴变得更加模糊并逐渐被微弱周向畴取代。清晰周向畴平均宽度为 0.76μm，而模糊的周向畴平均尺寸为 0.97μm。不清晰的周向畴与迷宫畴是由于液氮气层抑制了畴壁位移与模糊，改善的周向畴有助于 GMI 性能的提高。当更大电流 350mA CJA 后，如图 5-19(e)所示，周向畴本应更明显，但由于通过微丝过大电流产生的焦耳热使微丝表面微区组织过热甚至灼烧（矩形框标出），破坏了微丝表面周向畴。同时，遭到损坏与灼烧的粗糙的微丝表面在一定程度上抑制了畴壁移动与周向畴的改善，从而影响了 GMI 性能。

5.4.3 低温焦耳热调制微丝 GMI 性能

对于磁性微丝，其退火电流能够感生周向磁场，改善微丝周向各向异性，提高微丝周向磁导率，从而有助于 GMI 性能的改善[147-151]。因此，本书有必要将焦耳热退火的微丝与低温液氮介质退火的微丝 GMI 性能进行比较，以验证该方法的独特性。

图 5-20(a)为在激励频率 $f=8.1$MHz 时，激励电流 0 ~ 350mA CJA 退火后微丝阻抗比值 $\Delta Z/Z_0$ 随外磁场变化曲线，由图可见，电流幅值在 0 ~ 180mA 区间，GMI 具有很低的响应峰；200mA 退火后，峰值明显变大。当 300mA 电流退火后，GMI 比值达到最大值 425%。进一步增大电流至 350mA，比值反而减小。为了方便比较，图 5-20(a)中插图给出了 0 ~ 160mA JA 退火后最高阻抗比值$(\Delta Z/Z_0)_{max}$，由插图可知，在 100mA JA 退火后，达到了最大比值$(\Delta Z/Z_0)_{max}=349.2\%$；并伴随着电流幅值的提高，阻抗比值急剧下降。当电流幅值为 160mA 时，阻抗最高比值极小。与之相对应，更大的电流幅值 350mA CJA 退火后，最高比值为 137.4%。显而易见，前者阻值很低由于大电流导致微丝晶化；而后者具有相对较高的阻抗比值是因为过多的焦耳热被不断气化的液氮带出，从而保护了微丝表面氧化与大规模晶化。

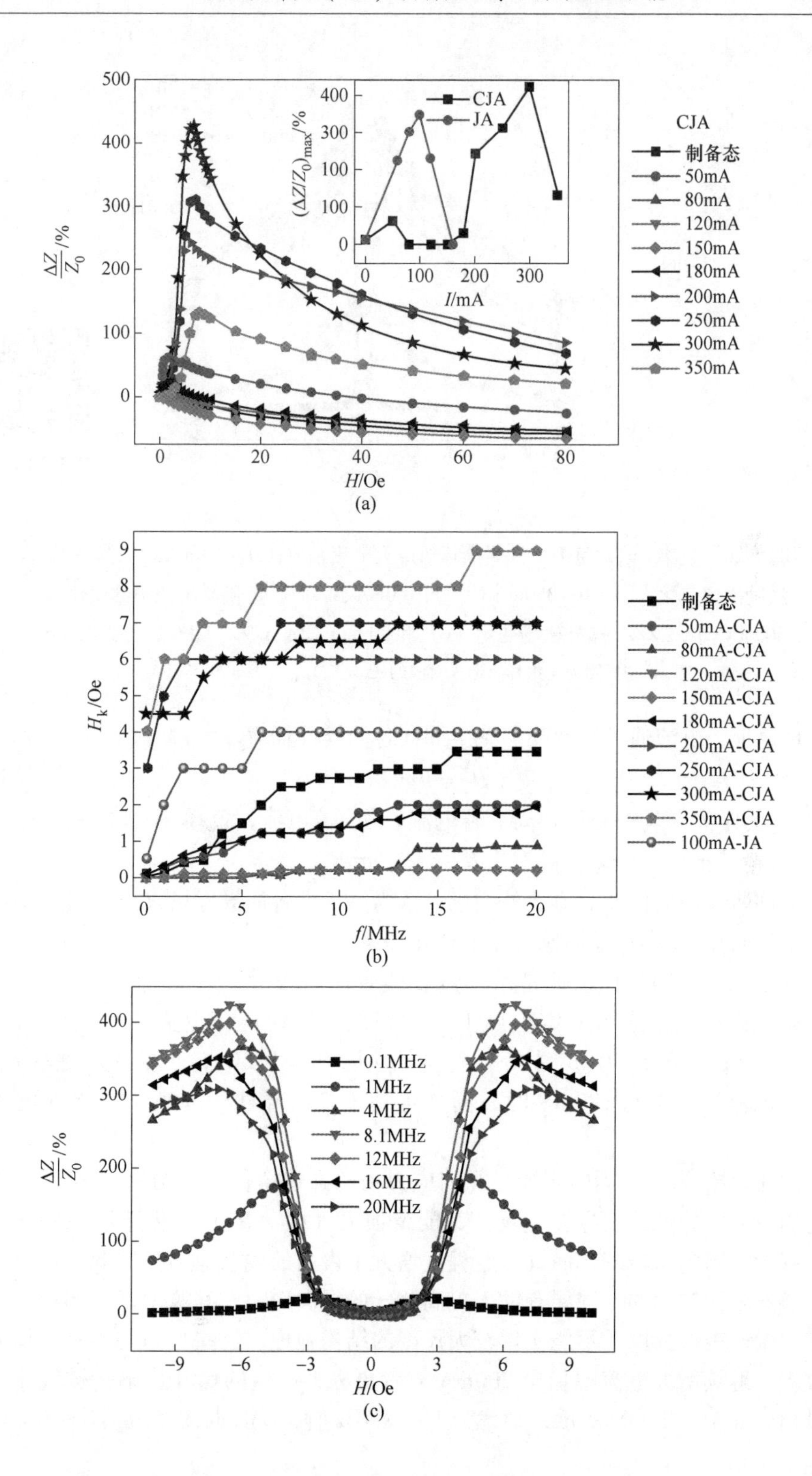
500
400
300
200
100
0
0
20
40
60
80
H/Oe
$\frac{\Delta Z}{Z_0}$/%
(ΔZ/Z0)max/%
I/mA
CJA
JA
制备态
50mA
80mA
120mA
150mA
180mA
200mA
250mA
300mA
350mA
Hk/Oe
f/MHz
50mA-CJA
80mA-CJA
120mA-CJA
150mA-CJA
180mA-CJA
200mA-CJA
250mA-CJA
300mA-CJA
350mA-CJA
100mA-JA
0.1MHz
1MHz
4MHz
8.1MHz
12MHz
16MHz
20MHz
(a)
(b)
(c)

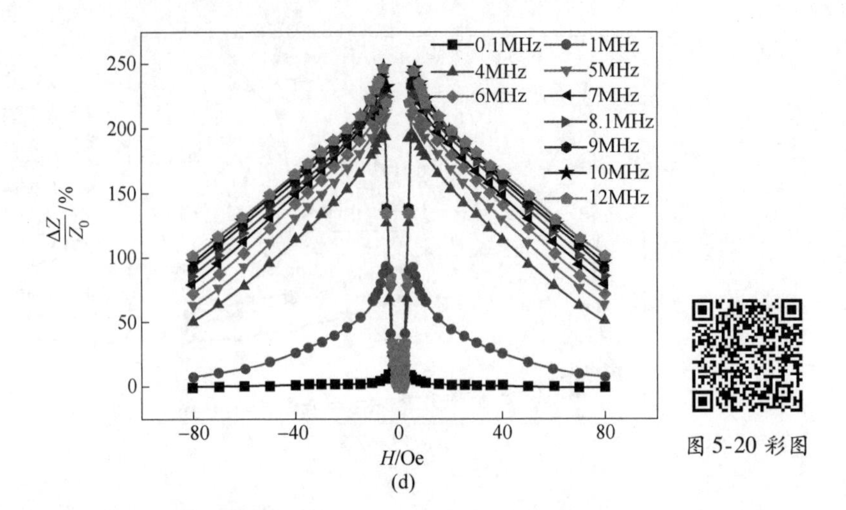

图 5-20　频率 $f=8.1\mathrm{MHz}$、低温焦耳热退火电流幅值在 0～350mA 时微丝 $\Delta Z/Z_0$ 随激励磁场变化（a）、0～350mA CJA 与 100mA JA 对应 H_k 随激励频率的变化（b）、300mA CJA $\Delta Z/Z_0$ 随外磁场变化（c）和 200mA CJA $\Delta Z/Z_0$ 随外磁场变化（d）

（图(a)中插图为与焦耳热退火对应的$(\Delta Z/Z_0)_{max}$，$1\mathrm{Oe}=79.5775\mathrm{A/m}$）

理论上，电流通过微丝能够感生周向各向异性场 H_φ[152]：

$$H_\varphi = Il/(2\pi r^2) \tag{5-1}$$

式中，l 为距离微丝中心的距离。若电流 I 为直流电流，公式（5-1）可简化为：

$$H_\varphi = I/(2\pi r) \tag{5-2}$$

阻抗曲线峰值位置对应的外磁场可认为是等效各向异性场 H_k[1]。图 5-20(b) 给出了各向异性场 H_k 随激励频率的变化关系。

制备态时，阻抗比值低是由于制备残余应力很大；50mA 低温焦耳热退火后，微丝内部残余应力一定程度上得到释放，同时电流退火感生的周向磁场 $H_\varphi \approx 3.3\mathrm{Oe}$，而图 5-20(b) 中等效各向异性场 $H_k=1.2\mathrm{Oe}$，小于周向磁场 H_φ 的一半。电流幅值增到 180mA 时，同样得到了各向异性场远小于感生周向磁场的结果。

因此，H_k 为感生周向磁场与径向应力场的强耦合作用的结果。H_k 通常被认为是周向各向异性的临界转变场。其能量损失（$H_k < H_\varphi$）是由于液氮的保护气层抑制微丝周向畴转变，而且一定程度增大了表面的残余应力。因此，退火过程中，微丝表面较薄的氮气层有助于提高微丝的径向应力，其源于极大的径向温度梯度。微丝表层的原子不能实现较大尺度的结构弛豫。这些行为均不利于周向畴的改善。继续增大电流幅值至 200mA 或者更大，产生的焦耳热不断被气化的液氮带出。如图 5-20(d) 所示，频率为 4～12MHz 时，GMI 曲线呈现出 0～6Oe 的单

调响应区间与10～80Oe的严格的线性响应区间。后者较大的线性响应特性可用来检测生物磁传感器与理疗产品的漏磁场[144,153]。微丝300mA CJA退火后，如图5-20(c)所示，由于感生较大的周向磁场，同时微丝表层非晶态结构得到液氮气层的有效保护，微丝内部与表面的残余应力重新分布等，在频率为8.1MHz时，阻抗比值$(\Delta Z/Z_0)_{max}$达到425%，并伴有外磁场增至6.5Oe。由GMI曲线得到，在外磁场2.5～6.5Oe区间，微丝阻抗响应灵敏，此时的响应灵敏度为99.4%/Oe。这种可通过低温焦耳热退火调制得到的具有较大的响应区间且伴有较高的响应灵敏度的GMI性能的微丝可用来开发微型化GMI传感器。

5.4.4　液态介质焦耳热调制磁畴结构与GMI性能

作为磁敏感器件[154-155]，一方面要求材料具有高的阻抗变化率和场响应灵敏度；另一方面要求具有大的外场量程，以满足不同磁场变化区间的响应要求。基于此，对材料的阻抗性能提出了新的挑战，即在不牺牲响应灵敏度的基础上，可以满足不同磁场区间响应的探测与甄别。在生物传感器件方面，在较大磁场（15Oe）响应时，非晶带已于医学方面得到应用[144]。然而，该材料阻抗性能具有较低的磁灵敏度及在小于20MHz频率激励下无法应用，且制备相对复杂，各向异性较大，限制了其更广泛的应用。对非晶微丝进行低温焦耳热退火，在大电流350mA退火时，大于17MHz时，实现了较大的响应外磁场9Oe[106]；对应的微丝磁畴结构为迷宫畴与周向畴的复合畴结构；为了感生更大周向磁场，实现更大电流幅值调制，退火介质选为常温环境下的不同热导率的高真空油与无水乙醇中与低温液氮中调制进行比较，归纳相关规律，期望建立磁畴结构与GMI性能的对应关系。

5.4.4.1　不同介质中调制微丝的微结构分析

前文给出了制备态熔体抽拉微丝$Co_{68.15}Fe_{4.35}Si_{12.25}B_{11.25}Nb_2Cu_2$为典型非晶态。图5-21给出了具有最高$(\Delta Z/Z_0)_{max}$比值（440.8%）的250mA液态油介质（fluid oil joule annealing，FOJA）处理与无水乙醇介质（anhydrous ethanol joule annealing，AJA）处理态的Co基微丝结构HRTEM。图5-21(a)衍射斑点表明，微丝微区原子有序度明显，其微结构呈现大量的纳米晶，HRTEM形貌同样验证了纳米晶的析出，大量纳米晶镶嵌在非晶基体中；纳米晶尺寸在几纳米至十几纳米之间，小尺寸纳米晶有助于改善材料的软磁性能，十几纳米尺度的晶相是由于微丝原子实现了充分扩散与结构弛豫。图5-21(b)HRTEM可见，该处理态的微丝基体仍为非晶态，由衍射环与衍射环中出现斑点可以推断，这种处理态的微丝存在大量微区团簇与纳米晶，并且存在小于10nm的纳米晶相。

退火过程中，大量的焦耳热不能充分传出，焦耳热的作用使原子向着较为稳定的晶态转变，使结构弛豫，原子排列有序。在几纳米至十几纳米的微区内，原

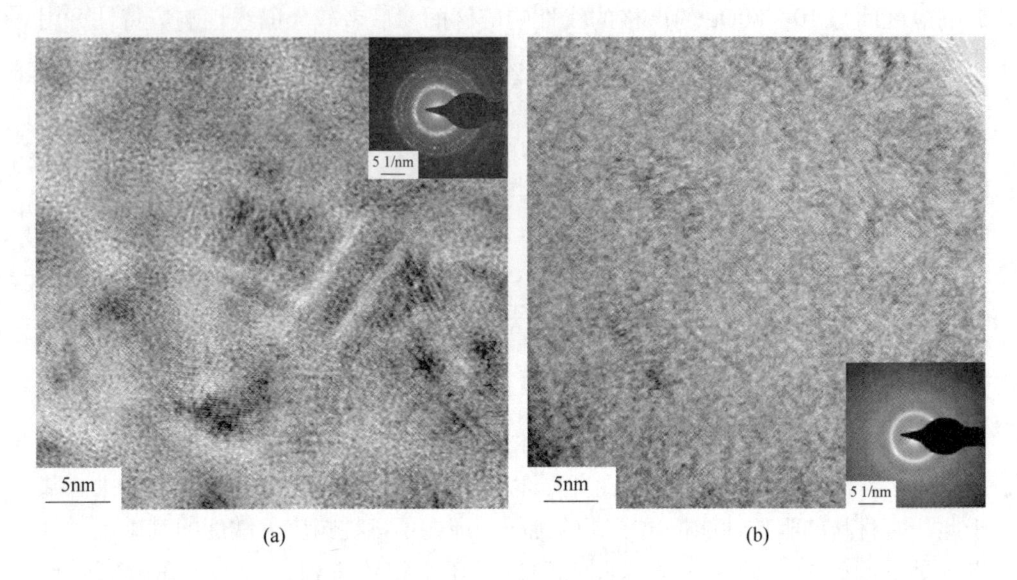

图 5-21　250mA FOJA 处理态（a）与 AJA 处理态（b）Co 基微丝 HRTEM 图

子扩散可用 Stokes-Einstein 公式来描述，在微尺度动力学理论原子扩散系数 D 和状态温度 T 存在关系如下[156]：

$$D \propto \frac{1}{\sqrt{m}} T^n \tag{5-3}$$

式中，m 为原子质量；n 按照分子动力学理论，$n = 2$。

因原子扩散系数 D 与质量 m 成反比，并且原子分布有一定的不均匀性，半径不同的原子间分布具有一定的规律，Si 原子通常与 Co 原子近邻，而 Fe 原子与 B 原子近邻。

在纳米尺度的微小区域，原子分布有规律可循。而 Co-Fe 基微丝在晶化析出时，Fe_3B 相、Co_2Si 相先析出，因为组元原子间的势垒高度较低与原子间相互吸引作用密切相关。随之，原子扩散系数变小，原子被有序冻结，磁晶各向异性提高。另外，电流退火时，强大电流感生的周向磁场使原子磁矩周向分布更加有序，形成更稳定周向畴。因此，GMI 性能得到明显改善。

5.4.4.2　不同介质中调制微丝的 GMI 效应比较

图 5-22 为微丝经过液态油介质焦耳热退火后（100 ~ 400mA），在频率 0.1 ~ 22MHz 区间阻抗 $\Delta Z/Z_0$ 随激励外磁场的变化曲线。

在电流幅值为 100mA（电流密度 $1.415 \times 10^6 A/dm^2$）FOJA 退火后，单调递增的阻抗曲线峰值对应的外磁场增至 1.5Oe；在大于 3MHz 以上激励频率下，阻抗上升曲线具有 0 ~ 1.5Oe 的线性响应量程，在 9MHz 频率激励下，阻抗比值 $(\Delta Z/Z_0)_{max}$ 提高至 123.3%，此区间的场响应灵敏度为 82.2%/Oe。

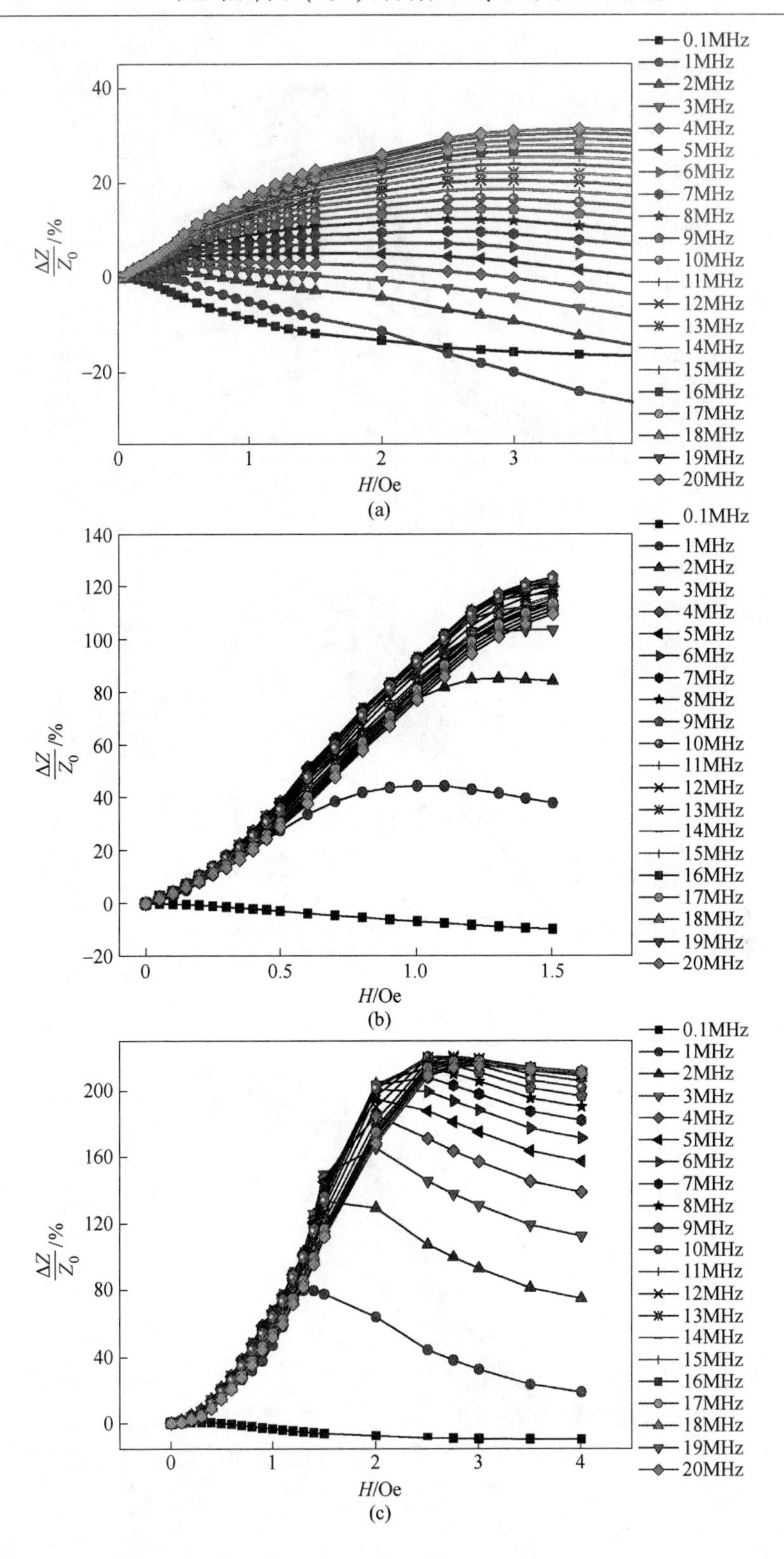
0.1MHz
1MHz
2MHz
3MHz
4MHz
5MHz
6MHz
7MHz
8MHz
9MHz
10MHz
11MHz
12MHz
13MHz
14MHz
15MHz
16MHz
17MHz
18MHz
19MHz
20MHz
$\frac{\Delta Z}{Z_0}$/%
H/Oe
(a)
(b)
(c)

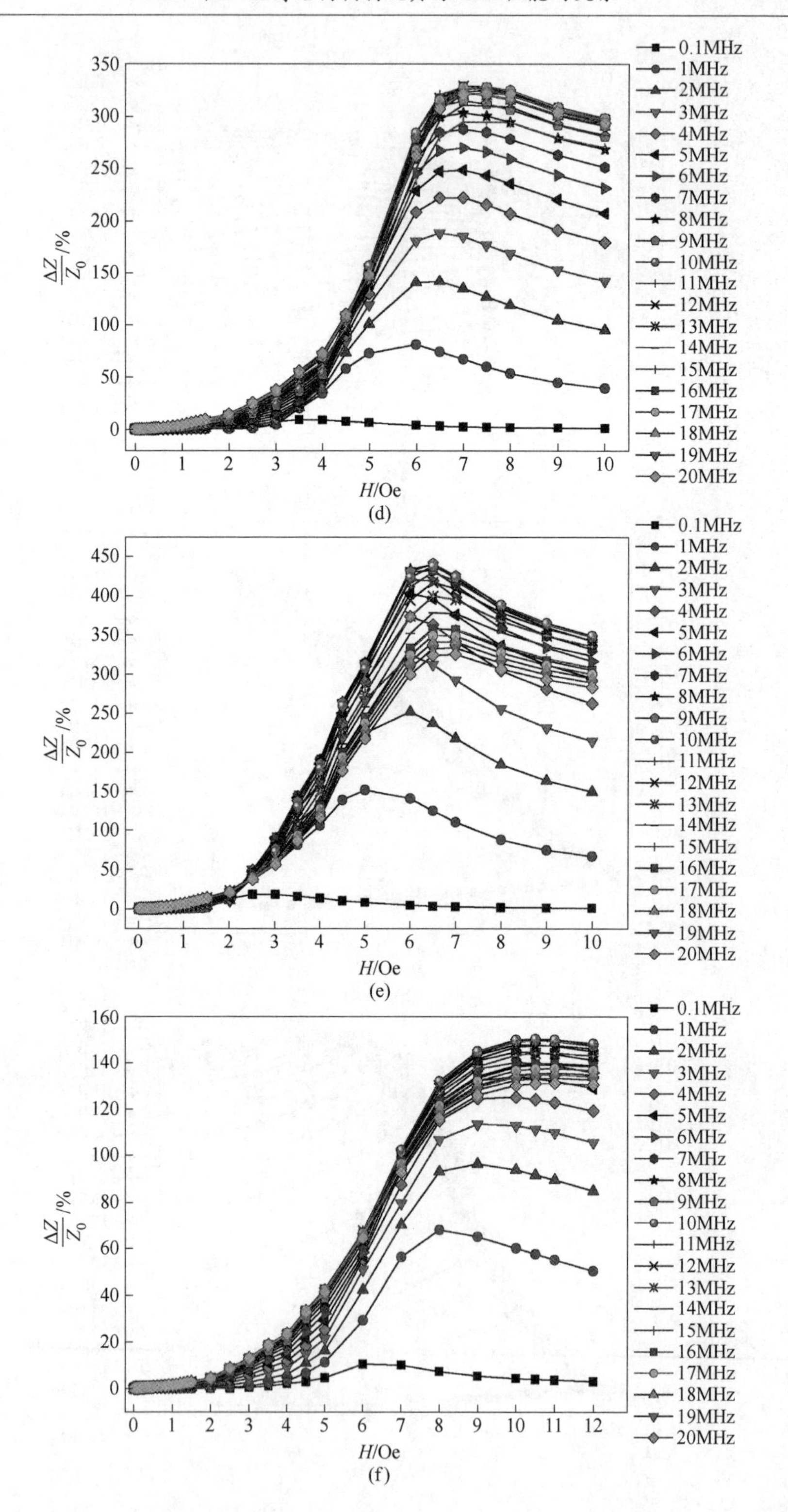
0.1MHz
1MHz
2MHz
3MHz
4MHz
5MHz
6MHz
7MHz
8MHz
9MHz
10MHz
11MHz
12MHz
13MHz
14MHz
15MHz
16MHz
17MHz
18MHz
19MHz
20MHz
ΔZ/Z0/%
H/Oe

(d)

(e)

(f)

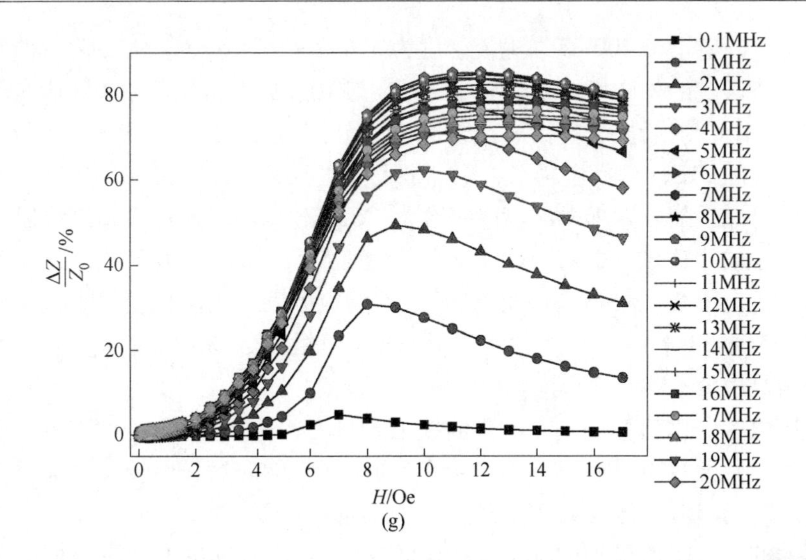

图 5-22 频率在 0.1 ~ 22MHz 区间，液态油介质焦耳热退火（0 ~ 400mA）后微丝阻抗 $\Delta Z/Z_0$ 随外磁场的变化曲线
（1Oe = 79.5775A/m）
（a）制备态；（b）100mA；（c）125mA；（d）200mA；（e）250mA；（f）300mA；（g）400mA

图 5-22 彩图

当 FOJA 退火的电流幅值为 125mA（电流密度为 1.768×10^6A/dm^2）时，阻抗曲线单调递增的峰值对应的外磁场增至 2.5Oe，在大于 10MHz 以上激励频率下，阻抗上升曲线具有 0 ~ 2.5Oe 的线性响应量程。在 10MHz 频率激励下，阻抗比值$(\Delta Z/Z_0)_{max}$为 220.9%，场响应灵敏度为 88.4%/Oe。

继续提高退火电流幅值，当电流幅值为 200mA（电流密度为 2.829×10^6A/dm^2）时，单调递增的阻抗曲线峰值对应的外磁场增至 7Oe；在大于 10MHz 以上激励频率下，阻抗上升曲线具有 2 ~ 4Oe 的线性响应量程；在大于 7MHz 以上激励频率下，阻抗上升曲线具有 4 ~ 6.5Oe 的线性响应量程，此区间 11MHz 频率激励下，阻抗比值$(\Delta Z/Z_0)_{max}$为 321.3%，响应灵敏度提高至 105.5%/Oe。

当退火电流幅值增至 250mA（电流密度为 3.537×10^6A/dm^2）时，单调递增的阻抗曲线峰值对应的外磁场增至 6.5Oe；在大于 8MHz 以上激励频率下，阻抗上升曲线具有 2 ~ 6.5Oe 的线性响应量程，此区间 9MHz 频率激励下，阻抗比值$(\Delta Z/Z_0)_{max}$达到最大值 440.8%，场响应灵敏度为 93.4%/Oe。

同样，继续增大退火电流幅值至 300mA（电流密度为 4.244×10^6A/dm^2）时，单调递增的阻抗曲线峰值对应的外磁场增至 10.5Oe；在大于 3MHz 以上激励频率下，阻抗上升曲线具有 2 ~ 4Oe 的线性响应量程；同时，阻抗上升曲线在 4 ~ 8Oe 区间也具有线性响应，此区间 10MHz 频率激励下，阻抗比值$(\Delta Z/Z_0)_{max}$降为 151.2%，响应灵敏度为 32.3%/Oe。

当电流幅值增至 400mA（电流密度为 5.659×10^6 A/dm^2）时，阻抗曲线单调递增的峰值对应的外磁场增至 12Oe；在大于 3MHz 以上激励频率下，阻抗上升曲线具有 2～4Oe 的线性响应量程；同时，阻抗上升曲线在 4～8Oe 区间也具有线性响应；此区间 9MHz 频率激励下，阻抗最大比值$(\Delta Z/Z_0)_{max}$为 85.1%。

由此可知，随着退火电流幅值的增大，GMI 比值与场响应灵敏度均低（制备态）变为在较小磁场（0～1.5Oe）时均有提高（100mA 幅值 FOJA）；在 125mA 退火后，实现了 0～2.5Oe 较大的 GMI 线性响应区间，同时也获得了相对较高的场响应灵敏度 88.4%/Oe；该性能可用来开发对微弱磁场的探测且具有较大响应量程的高灵敏度 GMI 传感器。

从比值的变化趋势得到，GMI 曲线上升峰有滞后的特征。在 250mA 电流幅值退火后，微丝 GMI 比值达到最大 440.8%，线性响应量程也较大（2～6.5Oe）；此时得到的场响应灵敏度为 93.4%/Oe，也较高。

更大的电流幅值得到的 GMI 曲线峰位对应的外磁场更大，该特征由于大电流感生更大周向磁场；同时也伴随着大量焦耳热不能及时传出，导致微丝晶化与磁晶各向异性场变大，从而影响微丝的软磁性能与场响应灵敏度。

图 5-23(a)给出了激励频率 $f=20$MHz 时微丝在不同电流幅值 AJA 退火后 GMI 随外磁场变化曲线。

上述数据显示，在 250mA 幅值 AJA 退火后，$\Delta Z/Z_0$ 比值出现明显的增长。图 5-23(b)给出了频率 f 在 0.1～20MHz 区间、具有相对较高阻抗性能的 250mA 退火后 $\Delta Z/Z_0$ 比值随外磁场变化关系，由图可得，激励频率大于 0.1MHz 时，所有 $\Delta Z/Z_0$ 比值均呈现明显的上升峰，上升峰值随着频率的增加而变大；并且峰位对应的响应外磁场也随频率增加而变大，如图箭头所示。上文提及，阻抗曲线上升峰位对应的外磁场为等效各向异性场 H_k，由此可以确定 250mA 退火后 H_k 大小。

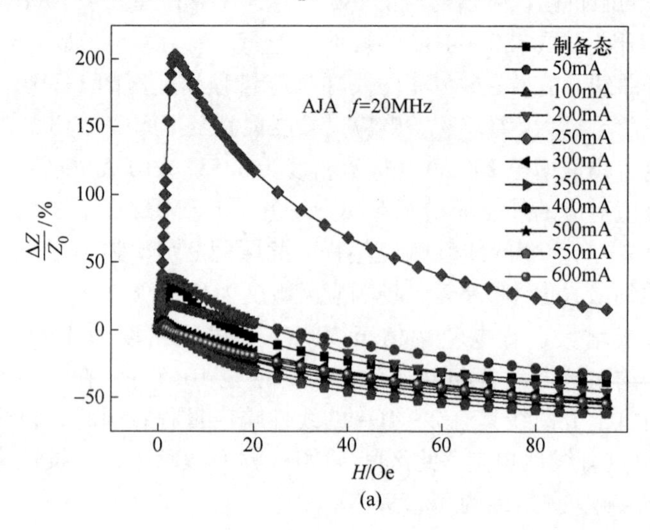

(a)

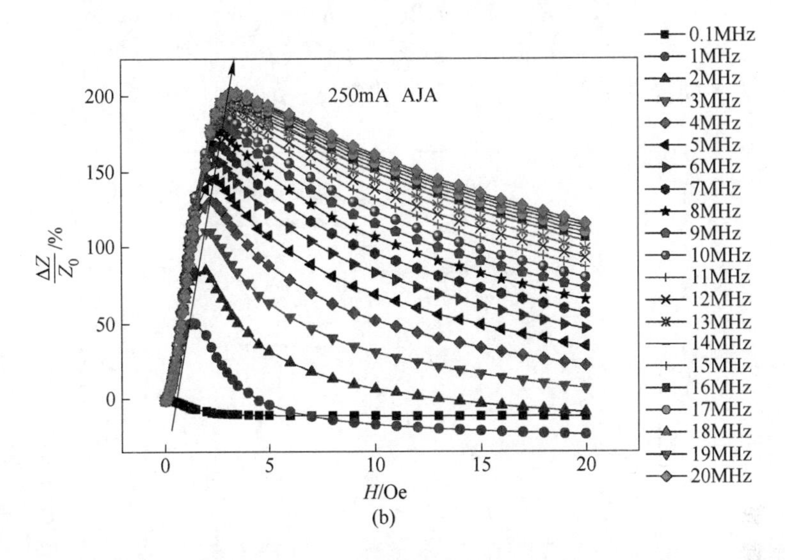

图 5-23 频率 $f=20\text{MHz}$ 时不同电流幅值（0～600mA）AJA 退火后微丝阻抗 $\Delta Z/Z_0$ 比值随外磁场变化曲线（a）和频率 f 在 0.1～20MHz 区间 250mA 退火后 $\Delta Z/Z_0$ 比值随外磁场变化曲线（b）（1Oe = 79.5775A/m）

图 5-23 彩图

图 5-24 给出了等效各向异性场 H_k 与阻抗比值$(\Delta Z/Z_0)_{max}$随频率 f 的变化关系。阻抗比值$(\Delta Z/Z_0)_{max}$随频率增加呈抛物线增长，由 0.1MHz 的 0.01% 增长到 20MHz 的 201.9%。同时，各向异性场 H_k 呈现类抛物线增长趋势（如图 5-24 中虚线所示），由 0.1MHz 时的 0.1Oe 增长到 20MHz 时的 3.5Oe。

由此，图 5-23(b)中 GMI 曲线可重新划分为两部分：一部分为曲线上升阶段(0～3.5Oe)，为 GMI 效应在微弱与较小外磁场下线性响应阶段；此时，阻抗比值$(\Delta Z/Z_0)_{max}\approx 201.9\%$，场响应灵敏度 $\xi\approx 57.7\%/\text{Oe}$。微丝具有如此宽的线性响应量程，比 125mA 电流幅值 FOJA 处理得到的响应量程（0～2.5Oe）大 1Oe。另一部分为箭头右侧的下降曲线。由图 5-23(b)可以清晰地看出，频率 $f>10\text{MHZ}$ 时，下降曲线呈线性规律变化。因此，结合两部分特性，该电流幅值退火后的微丝可用来开发双工作区间（0～3.5Oe 与 3.5～20Oe）的高灵敏度 GMI 线性响应传感器。

图 5-24 中，等效各向异性场 H_k 随频率的增加的变化与趋肤效应和涡流损耗、磁滞损耗等因素相关；同时，交变电流激励频率 f 与幅值 I_{ac} 对 H_k 也产生较大的影响[157-158]。交变电流流经磁性微丝时，产生的交变磁场使磁化强度随激励磁场振荡分布，振荡幅角为 α_m，此时等效各向异性场 H_k 可表述为：

$$H_k = \frac{K_u}{2\mu_0 M_s} \frac{1 - \cos 2\alpha_m}{1 - \cos\alpha_m} = \frac{K_u}{\mu_0 M_s}(1 + \cos\alpha_m) \tag{5-4}$$

式中，K_u 为各向异性常数；M_s 为饱和磁化强度；μ_0 为真空磁导率。

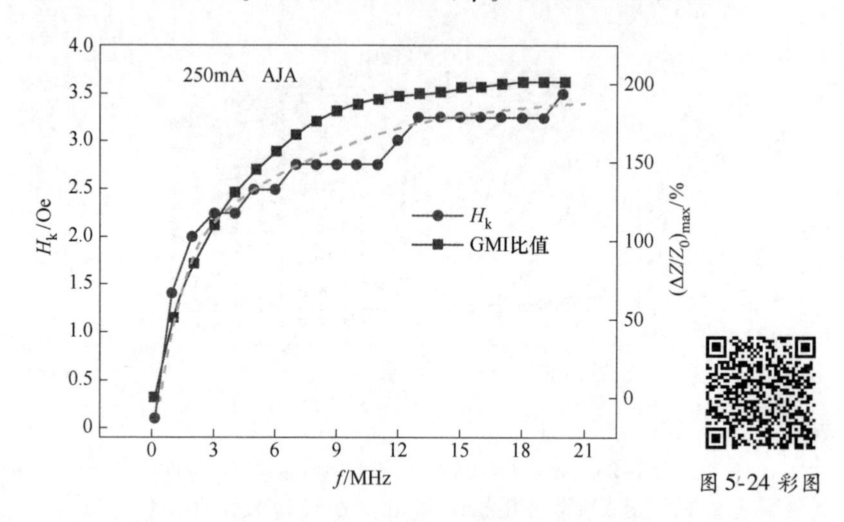

图 5-24　250mA 电流幅值 AJA 态微丝的等效各向异性场 H_k 与阻抗比值$(\Delta Z/Z_0)_{max}$随频率 f 的变化关系

(1Oe = 79.5775A/m)

低频交变磁场下，涡流损耗较小，矫顽力和等效各向异性场 H_k 都小，磁阻抗 Z 在零磁场附近最大。频率升高，特别是当频率达到几兆赫兹后，涡流损耗与畴壁阻尼增强，而且 $\alpha_m \propto I_{ac}/f^{1/2}$，频率升高，$\alpha_m$ 变小。因此，随频率升高，等效各向异性场 H_k 逐渐增大。

5.4.4.3　不同介质调制微丝畴结构的比较

如图 5-25 所示微丝 125mA 电流幅值 FOJA 退火后周向畴相对于制备态 (0.85μm) 平均宽度略有提高，约为 0.89μm。表明周向磁各向异性得到改善，周向磁导率有所提高，验证了 GMI 性能的改善。图 5-25(a)中矩形框标示的区域内部，微丝畴结构呈现模糊的轴向畴，该结果可能是由于微区原子分布不均匀及传热过程中受热不均匀导致晶化，从而引起磁畴轴向分布。由图 5-25(b)250mA 处理态磁力图可以看出，畴结构明显且平滑；不同于 125mA 处理态畴结构，此时畴已呈现螺旋状分布；并伴随着局部畴壁消失与磁畴吞并现象发生。规则区域的平均畴宽度为 0.55μm。一方面磁畴宽度变小，分布呈现螺旋状；另一方面，畴壁清晰、分布更有规律。

因此，GMI 测试时，会出现场响应滞后现象，然后存在较大响应量程 (2 ~ 6.5Oe)。随之更大的退火电流 400mA 时，如图 5-25(c)所示，畴更加倾斜且模糊、规律性变差。对比处理态的 GMI 性能，发现这样畴特征均不利于 GMI 性能

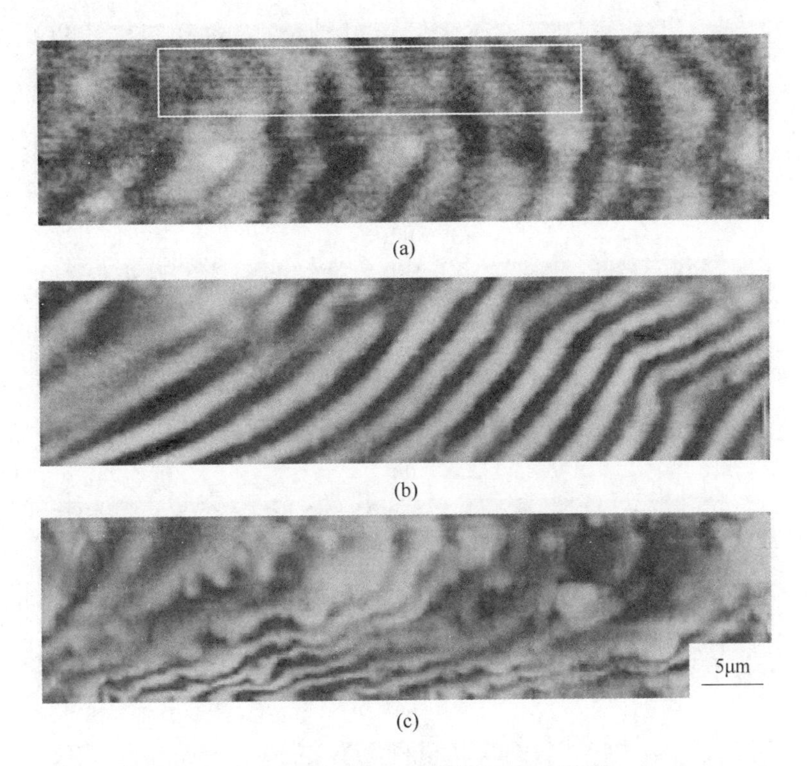

图 5-25 FOJA电流幅值处理态MFM图
（a）125mA；（b）250mA；（c）400mA

的外磁场灵敏响应，却能够更有效地起到GMI性能的滞后效果，使响应外磁场提高至11Oe。

图5-26(a)为100mA电流幅值AJA退火，微丝表面并未出现预想的周向畴，而呈现的是模糊的弯曲畴，畴壁不清晰，规律性差。其原因可能为无水乙醇热导率相对较高（0.24～0.25W/(m·K)）。100mA电流幅值产生的焦耳热对周向畴的贡献很小；另外，该值退火下，焦耳热使微丝内部残余应力得到有效释放，但不够感生较大的周向磁场；同时，径向温差较大，也影响周向畴的形成。250mA电流幅值退火后，形成较弱的周向畴，平均畴尺寸为1.1mm，如图5-26(b)所示，同时伴有大量的迷宫畴。300mA、400mA电流幅值退火后，周向畴变的明显，此时感生周向磁场相对较大；但焦耳热的贡献整体以径向贡献为主，导致微丝径向应力重新分布，周向畴分布仍不均匀。400mA处理态的平均畴宽度为0.82mm。由此可见，增大退火电流改善了微丝表面周向畴有序度，并未完全实现提高周向磁场，大部分焦耳热被传热出，只有一部分热量对感生周向磁场有贡献，这部分有效热量也改变了微丝径向应力与微组织结构。

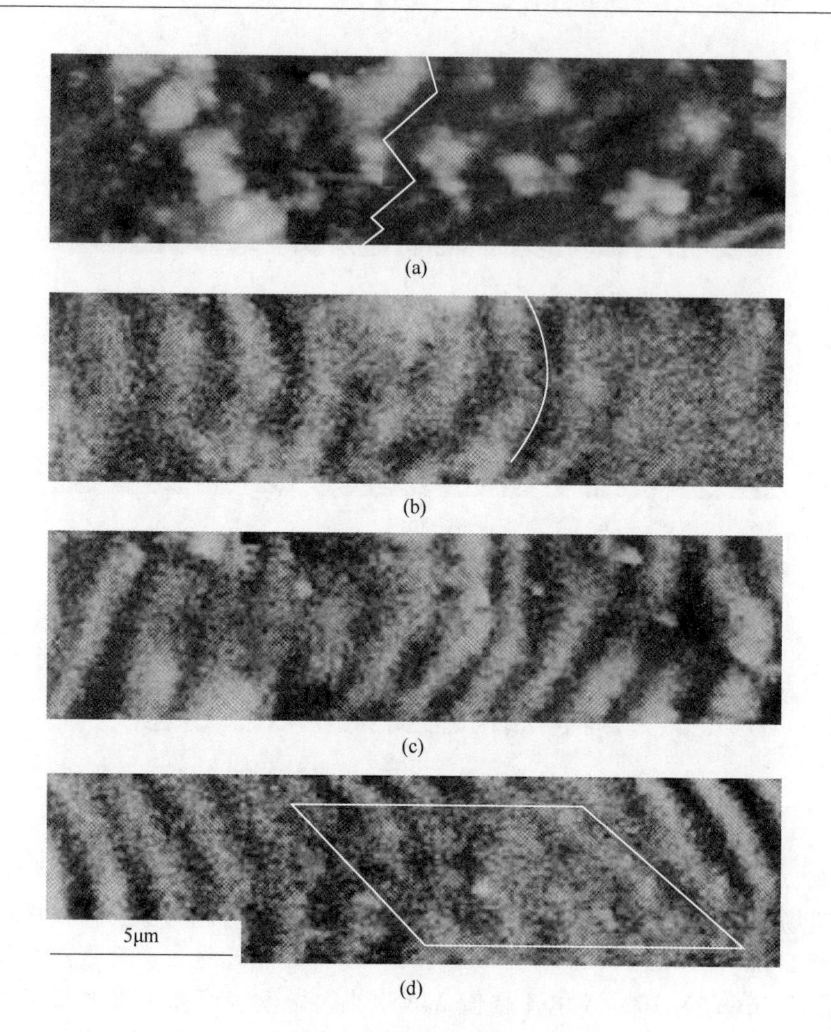

图 5-26　AJA 电流幅值处理态 MFM 图
（水平方向为丝的轴向）
（a）100mA；（b）250mA；（c）300mA；（d）400mA

将几种介质调制得到的 GMI 性能与畴结构进行比较，如表 5-2 所示。

表 5-2　不同液态介质中焦耳热调制微丝 GMI 性能与畴结构

液态介质	热导率 /W·(m·K)$^{-1}$	退火最高电流幅值 /mA	退火电流密度 /A·dm^{-2}	$(\Delta Z/Z_0)_{max}$ /%	ΔH/Oe	畴结构
液氮	0.024	350	4.951×10^6	425	M_{am}：9Oe；线性区间：2.5 ~ 6.5Oe	迷宫畴与周向畴的复合畴结构

续表 5-2

液态介质	热导率 /W·(m·K)$^{-1}$	退火最高电流幅值 /mA	退火电流密度 /A·dm^{-2}	$(\Delta Z/Z_0)_{max}$ /%	ΔH/Oe	畴结构
高真空油	0.15~0.17	400	5.659×10^6	440.8	M_{am}：12Oe；线性区间：0~2.5Oe，2~6.5Oe，4~8Oe	螺旋状畴与迷宫畴
无水乙醇	0.24~0.25	600	8.502×10^6	201.9	线性区间：0~3.5Oe，3.5~20Oe	迷宫畴与弱的周向畴

注：1Oe=79.5775A/m。

不同于低温液氮焦耳热退火（CJA），液态真空油焦耳热退火（FOJA）方式不仅实现了更大电流幅值（400mA）的退火，扩大GMI性能的场响应量程至11Oe，而且实现磁场线性响应量程的调控；通过调控退火电流幅值，实现在0~11Oe磁场区间的GMI性能的线性响应特性。该退火方式工艺简单、操作性强、便于控制，能够满足微型传感器对弱小或较大磁场响应量程及灵敏度等性能需求。

FOJA方法采用不同电流幅值退火，获得GMI效应的不同性能。相对小电流（125mA）退火，微丝可应用到对外磁场有响应且具有宽的响应带宽的微型化GMI传感器开发，用以探测微弱磁场；同时，响应量程可达到2Oe，响应灵敏度达到95.2%/Oe。而相对于较大电流（250mA）退火，获得较高的GMI比值440%；同时得到较大的响应带宽2~6.5Oe；响应灵敏度达到93.4%/Oe，可探测强磁场；所以，这种可调控的GMI效应的线性响应磁场量程的FOJA方法适用于对微弱磁场或较强磁场（0~12Oe）探测的高灵敏微型传感器开发。

5.5 熔体抽拉Co基非晶微丝磁畴结构与GMI性能的对应关系

大量实验已经证明，诸多调制处理工艺都属于静态调制，最终GMI性能产生明显的改善。明确了“磁畴结构”的重要性，将建立新的相关联系，即“调制处理工艺”-“磁畴结构”-“GMI性能”。因此，引入磁畴结构分析，借重“磁畴结构”这一纽带，不仅有利于揭示各种调制方法的内在作用机制，更可以为优化磁畴和优化GMI效应提供理论依据。本节将归纳影响微丝磁畴结构的因素，通过调节磁畴结构来实现对GMI的调制效果。

5.5.1 熔体抽拉 Co 基非晶微丝磁畴结构模型及磁力显微镜探测分析

熔体抽拉 Co 基非晶微丝具有优异的软磁性能，尤其在 GMI 效应与力学强度方面显示突出的性能[95,160]。一方面由于非晶材料的无定形态的结构，微丝组织不存在位错与晶粒边界，不存在阻止畴壁移动的障碍，磁各向异性很小；同时磁导率高、矫顽力小、电阻率高、涡流损耗小等特点，非晶磁性材料具有优良的综合软磁性能。另一方面，磁性材料的制备工艺很大程度上决定了材料的磁性能。对于非晶微丝的制备方式，不同于内圆水纺法与玻璃包裹法，熔体抽拉法具有极高的冷却速率与成型机制，可获得直径小、非晶形成能力高等特点的非晶微丝。正因为制备方式的差别，使其磁性能与其他方式得到的丝材也产生差别，磁畴结构也不同。

理论与实验都已经证明磁性材料在居里温度下均会形成磁畴结构，不同磁畴内部磁化强度不同。由不同成分、不同制备工艺得到的磁性材料的磁畴结构也不同。熔体抽拉法获得的微丝是在极其高的冷却速率下快速凝固成丝，并且成分 Co、Fe、Si、B、Nb、Cu，制备出的微丝为非晶微丝。其形状各向异性决定微丝易磁化方向为轴向；制备过程中温度场径向分布决定应力场为径向，在应力急剧变化层，径向残余应力导致“芯部”与“壳层”近似磁畴结构；微丝为非晶态，没有磁晶各向异性；同时，该成分 Co 与 Fe 的原子数分数之比约为 15.7，微丝具有负磁滞伸缩系数 $\lambda_s \approx -3.3 \times 10^{-6}$，从而导致微丝表层的畴结构为周向畴；为了降低退磁能，周向畴相反方向分布。由此，Co-Fe 基非晶微丝磁畴结构为“芯-壳”畴结构：芯部为轴向畴；壳层为方向交替的周向畴。

采用磁力显微镜观测到熔体抽拉 Co 基非晶微丝的磁畴结构；由于 MFM 只能探测磁性材料的表面漏磁场，即杂散场，而熔体抽拉 Co 基微丝为软磁材料，漏磁场并不大——微弱的周向各向异性场（这也验证了制备态微丝的 GMI 性能不太高的原因），因此，往往需要后处理来感生更大的周向各向异性场，进而改善 GMI 性能。正因为这样，才能够采用 MFM 来探测微丝表面的漏磁场。

图 5-27 为简化放大的微丝芯部及壳层（周向畴）截面，微丝壳层畴壁为放大的 180°布洛赫壁。探针先后对微丝表面进行两次探测，第一次为表面形貌探测，记录表面形貌数据；第二次探测抬起一定高度，一般为 60 ~ 200nm，这次收集探测到的磁力数据。由于 10 ~ 20nm 尺寸的针尖为 Co/Cr 涂层，探针按照先前的路径在微丝表面重复扫描时，受到微丝表面的径向杂散场的影响，探针发生振幅起落与相位延迟的现象。此时，采集到的相位与振幅数据转换为图像，即为微丝的漏磁场，显示在 MFM 图像为亮暗相间条纹，即为微丝表面的周向畴结构。同时给出了微丝截面芯部磁畴结构模型，认为畴壁附近区域磁矩分布仍有规律：与“壳层”畴壁交界处磁极密度大，且沿畴壁磁化方向分布；周向畴附近，磁

化方向则平行轴向分布；因为畴壁很小，所以认为微丝芯部磁化方向沿着轴向反向分布。

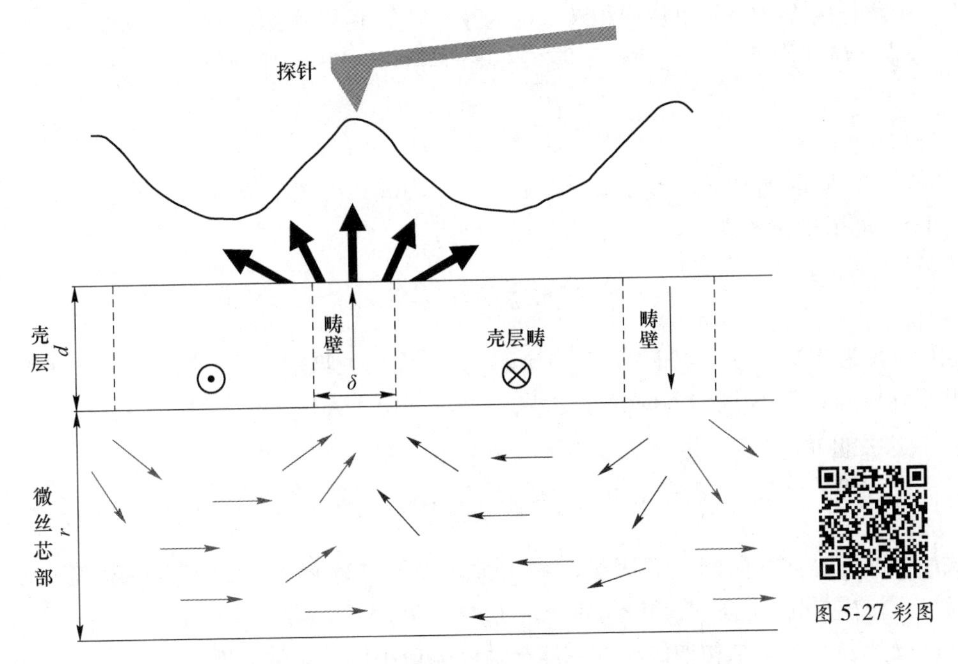

图 5-27 Co 基微丝畴结构模型及磁力显微镜测试示意图

5.5.2 熔体抽拉 Co 基非晶微丝周向畴结构的理论分析

磁性材料的畴结构能够解释磁性材料的宏观性质。磁畴与磁畴之间的畴壁是磁性结构的基本要素[159,161]。如果磁各向异性是决定磁化方向的唯一能量，则磁性样品会沿着一个易磁化方向均匀磁化。然而，依赖于物理形状，均匀磁化的材料会产生杂散磁场。产生杂散场需要能量，为了减小这一能量，磁化区域将会分裂为磁畴，也就是倾向于多个方向，从而使杂散场达到最小。熔体抽拉微丝“壳层”磁构型则倾向于反向的周向畴。当存在磁畴，自发磁化必然会从一个方向变化为另一个方向。这样的变化发生在畴壁内，同时，形成畴壁也需要能量，即畴壁能。

磁畴源于杂散场能量的最小化，如果杂散场能量大于形成畴壁所需要的能量，则磁体会产生磁畴[161]。从能量观点出发，自发磁化区域即磁畴能够降低退磁场能，但磁畴的存在引入了磁畴壁，磁畴壁具有能量。因此，自发磁化的磁畴不会无限多，而是以畴壁能与退磁场能相加的最小值为条件。

首先考虑磁畴壁，由于微丝可看作细长圆柱材料，畴壁为布洛赫壁，M_s 转动分量始终保持与畴壁平行，畴壁两侧的平面上没有磁极出现，从而避免了退磁场的产生，即轴线退磁能为零。因此，只考虑非晶“壳层”周向畴的退磁能。假定微丝表面为理想周向畴分布，设壳层厚度为 d，即周向畴厚度，磁畴宽度为 D，微丝长度 $L\approx 1\text{m}$，单位面积畴壁能为 γ，如图 5-27 所示。

故其畴壁能 W_{wall}（交换作用能与磁各向异性能之和）为[162]：

$$W_{\text{wall}} = \frac{Ls}{D}\gamma_{\text{w}} = \frac{\pi(r^2 - r_{\text{c}}^2)L}{D}\gamma_{\text{w}} \tag{5-5}$$

式中，s 为周向畴面积；r 为微丝半径，$r = 25\mu\text{m}$；r_{c} 为芯畴半径，$d = r - r_{\text{c}} \approx 0.48r$。畴壁能量密度 γ_{w} 可表示为：

$$\gamma_{\text{w}} = 2\pi S\sqrt{\frac{AK_{\text{u}}}{\delta}} \tag{5-6}$$

式中，A 为交换积分，取 $1\times 10^{-15}\text{J/m}$；$S$ 为自旋相关哈密顿量，取 $S=1$；δ 为畴壁平均厚度；K_{u} 为周向各向异性常数，$K_{\text{u}} = 1\times 10^4\text{J/m}^3$。

退磁能 W_{d} 可表示为[162]：

$$W_{\text{d}} = \frac{1}{2}\mu_0 N M_{\text{s}}^2 \tag{5-7}$$

式中，N 为磁化方向的退磁因子，对于微丝壳层易磁化方向为周向，取 $N=1$；M_{s} 为周向饱和磁化强度，$M_{\text{s}} \approx 2000\text{Oe}$（$1\text{Oe} = 79.5775\text{A/m}$）。

微丝稳定的畴结构取决于退磁能与畴壁能最小值的条件，即

$$\frac{\partial}{\partial D}\left(\frac{\mu_0}{2}M_{\text{s}}^2 D + \frac{Ls}{D}\gamma_{\text{w}}\right) = 0 \tag{5-8}$$

故

$$D = \sqrt{\frac{2Ls\gamma_{\text{w}}}{\mu_0 M_{\text{s}}^2}} \approx 1\mu\text{m} \tag{5-9}$$

由此，微丝周向畴的平均宽度约为 1μm，与实验相符合。畴壁的平均宽度 $d\approx 10\text{nm}$。

5.5.3　熔体抽拉 Co 基非晶微丝畴结构与 GMI 性能的对应关系

微丝磁畴结构与 GMI 性能紧密相关。通过对微丝磁畴结构与 GMI 性能相关性研究，发现具有优异 GMI 性能的微丝磁畴结构具有相似特点。把握住这一点，则可以通过对微丝磁畴结构进行调制来影响与改善 GMI 与其他磁性能。

基于前文研究，微丝的磁畴结构不仅与制备因素有关，还受到表面结构、应力及退火调制等因素影响。制备态较为理想的微丝状态为：直径 30 ~ 50μm 的 Co-Fe 基非晶微丝，成分均匀、表面平整、圆整度高。因此在制备时，可掺入难熔元素，如 Nb、Mo、V、W、Cr、Zr、Ti，以抑制 Fe、Co 相生成，抑制主相晶粒长大，提高非晶形成能力；避免磁晶各向异性产生；同时，也可掺入少量 Cu、

Al、Ga、Sn、Ge、Zn，以促进微尺度原子团簇、纳米晶相生成[159]；微丝后处理过程中，消除径向残余应力，尽量感生磁周向各向异性场，提高周向畴体积分数，形成稳定的周向畴结构，进而改善周向磁导率与GMI性能。因此，要调制有效的周向畴结构具有哪些因素？归纳实验与理论结果，认为Co-Fe基非晶微丝具有高GMI比值与场响应灵敏度的磁畴结构应具有以下3个特征：

（1）单一周向畴，畴反向交替，规则分布；无杂散畴与“毛刺”现象。

（2）周向畴界清晰且圆整，畴宽度均匀，尺寸约为1μm。

（3）畴壁为180°布洛赫壁，畴壁清晰，周向完整，畴壁平均宽度约为10nm；无畴壁钉扎现象。

若微丝的GMI性能具有较高的比值且具有更大的外磁场，即GMI比值上升曲线对应的场响应量程，则微丝表面畴为复合畴结构，即局部的周向畴与其他畴共存。其他畴可为迷宫畴，尺寸为100～200nm，也可能为径向畴、螺旋畴或偏轴向畴。此时，周向畴清晰，局部畴壁模糊。表5-3列出了其对应关系。

表5-3 不同焦耳热调制微丝的GMI性能与畴结构

调制方式	退火电流幅值/mA	阻抗比值 $(\Delta Z/Z_0)_{max}$/%	响应灵敏度 ξ /%·Oe^{-1}	外磁场量程 ΔH/Oe	微丝表面畴结构
直流焦耳热退火	80	（高）364.7	（极高）585.7	（小）0～0.3	清晰畴界周向畴
直流焦耳热+电解抛光退火	80	（高）441.7	（高）315.5	（较大）0～1.4	清晰畴界周向畴与交错畴
阶梯式焦耳热退火	80～100	（极高）654	（高）401	（较大）0～1.5	清晰畴界周向畴
液态介质焦耳热退火	（高）600	（高）440.8	（较高）	（大）12	迷宫畴与周向畴（螺旋畴）的复合畴

注：1Oe＝79.5775A/m。

熔体抽拉法获得的Co-Fe基微丝具有典型的“芯-壳”，该结构源于静磁能、磁各向异性能及交换能的耦合作用[94-95]。通过调制工艺可改善微丝表面壳层畴的周向取向，周向畴有序与比重增大，影响着微丝的周向各向异性能，周向各向异性能体现在周向畴尺寸的大小、周向畴的明显与否及周向畴壳层的厚度等方面。明亮清晰的周向畴结构的微丝其阻抗具有高的比值和响应等性能，可实现阻抗效应在微型磁敏传感器中的应用；而复合畴则能够获得大的场响应量程的GMI性能。由此，可通过对微丝磁畴结构的调制来实现对GMI性能的调制。

5.6 本章小结

本章主要从焦耳热调制微丝磁畴结构角度进行了系统的研究，分别采用阶梯式焦耳热、低温液氮介质焦耳热、直流焦耳热与电解抛光方式调制了微丝畴结构，实现了大电流幅值新型退火方式，并揭示畴结构与 GMI 性能的关系，具体结论如下：

（1）对微丝直流焦耳热退火，退火电流幅值 80mA、180s 后，在 0 ~ 0.3Oe 与较大外磁场 3 ~ 15Oe 双区间，GMI 曲线呈线性下降特性；得到了阻抗最大比值 $(\Delta Z/Z)_{max}=364.7\%$ 和高的响应灵敏度 $\xi=585.7\%/Oe$；并得到了对应的结构均匀且明显的周向磁畴，平均畴尺寸 $d\approx1.02\mu m$。

（2）直流焦耳热 + 电解抛光 80mA 电流幅值退火，有效改善了周向畴与软磁性能，周向畴平均宽度为 0.82μm；平滑表面易感生周向各向异性场；抛光后阻抗最高比值 $(\Delta Z/Z)_{max}=441.7\%$；周向各向异性场 $H_k=1.4Oe$，GMI 性能得到改善。

（3）对微丝进行 SJA 处理，得到了制备态 $\Delta Z/Z_{max}=469.6\%$；并在阶梯式 80mA 退火后，获得了 GMI 更高比值：$\Delta Z/Z_{max}=654.1\%\ (H>0)$；$\Delta Z/Z_{max}=650.2\%\ (H<0)$。100mA 阶梯式焦耳退火后的 $\Delta Z/Z_{max}$ 比值仍然很高，达到了 631.9% 与 624.6%，并具有较大的响应量程 -1.5 ~ 0Oe 与 0 ~ 1.5Oe；对应的响应灵敏度 ξ 分别为 $\xi=401.0\%/Oe$ 与 $\xi=397.5\%/Oe$。100mA SJA 后，磁畴平滑且周向畴分布增多，同时伴有交错畴出现，平均畴宽度增至 0.98μm。

（4）采用 CJA 方式，并实现大电流幅值 350mA 退火；300mA CJA 后，获得了独特的“芯-壳”微结构，芯部晶化、壳层仍为非晶态结构，壳层厚度约为 100nm；其表面为复合畴结构，周向畴得到改善；GMI 比值达到 425%，外磁场 2.5 ~ 6.5Oe 区间，响应灵敏度达到 99.4%/Oe；200mA 电流幅值退火后，GMI 曲线呈现出 0 ~ 6Oe 与 10 ~ 80Oe 严格的线性响应区间。

（5）分析了 Co 基非晶微丝磁畴结构的形成，理论分析了熔体抽拉 Co-Fe 基非晶微丝的磁畴结构，给出了微丝畴结构模型。

（6）结合实验与理论分析，提出熔体抽拉 Co-Fe 基非晶微丝的磁畴结构 3 个特征：1）单一周向畴，畴反向交替，规则分布；无杂散畴与“毛刺”现象；2）周向畴界清晰且圆整，畴宽度均匀，尺寸约为 1μm；3）畴壁为 180° 布洛赫壁，畴壁清晰，周向完整，畴壁平均宽度约为 10nm；无畴壁钉扎现象。

6 结　　论

本书对熔体抽拉 Co-Fe 基非晶微丝采用应力调制处理、电化学调制处理、焦耳热调制处理、复合式调制方法进行磁畴结构调制，并进行理论分析，建立了磁畴结构与 GMI 性能相关性研究，得出以下主要结论：

（1）拉伸应力改善微丝周向畴结构，影响 GMI 性能；203.7MPa 时，周向畴体积分数增大，GMI 性能明显；1018.6MPa 时，呈竹节状畴，畴壁能增大，阻抗比值下降。扭转应力带来扭矩，一定范围的扭转应力有助于周向畴结构的改善与提高 GMI 性能；微丝实现拉伸强度与扭矩（204.0π rad/m），可期待扭转阻抗传感器开发。

（2）实现了微丝等间距电镀 Ni 与螺旋微电镀 Ni 方式。等间距环向电镀 Ni（镀层宽度为 2μm）3 节后，$\Delta Z/Z_{max}=251.1\%$；微丝未镀区域周向畴明显变好，畴壁更清晰，平均畴尺寸为 0.73μm；Ni 镀层厚度约为 3μm，迷宫状畴，整体畴取向周向分布。螺旋微电镀 Ni 电镀 60s 后，（螺旋间距为 50～200μm），$\Delta Z/Z_{max}$ 比值由制备态的 148.2% 提高到 191.1%；Ni 层畴呈迷宫状畴分布；微丝表面周向畴分布明显，平均畴尺寸为 0.83μm。

（3）采用低温焦耳热退火（CJA）方式，进行较大电流幅值 350mA 退火；300mA 电流幅值退火 240s 后，获得了独特的“芯-壳”微结构：芯部晶化、壳层仍为非晶态结构，壳层厚度约为 100nm；其表面畴结构为周向畴与迷宫畴组成的复合畴结构，周向畴得到改善，有序度提高；在频率为 8.1MHz 时，GMI 比值达到 425%，外磁场 2.5～6.5Oe 区间，响应灵敏度达到 99.4%/Oe；200mA 电流幅值退火后，频率在 4～12MHz，GMI 曲线呈现出 0～6Oe 的单调递增响应区间与 10～80Oe 的严格的线性响应区间，与液态油、无水乙醇中焦耳热调制得到大电流退火后微丝的畴结构均为迷宫畴与周向或螺旋状畴的复合畴结构。

（4）电解抛光可改善微丝圆整度与粗糙度，释放缺陷残余应力；在抛光参数为电压 10V、抛光时间 10min 时，$\Delta Z/Z_{max}=247.1\%$，比制备态提高 93.8%；抛光后易感生各向异性场，有助于 GMI 性能的提高。直流焦耳热与电解抛光复合式调制有效改善周向畴与软磁性能，周向畴平均宽度为 0.82μm；亮暗条纹周向明显，易感生周向各向异性场；抛光后阻抗最高比值为 441.7%；周向各向异性场 $H_k=1.4$Oe，GMI 性能明显改善。

（5）微丝阶梯式焦耳热退火（SJA）后得到了制备态阻抗较高比值

$\Delta Z/Z_{max}=469.6\%$；阶梯式80mA退火后，交流频率$f=7.4$MHz时，获得了GMI更高比值：$\Delta Z/Z_{max}=654.1\%$（$H>0$）；$\Delta Z/Z_{max}=650.2\%$（$H<0$）。100mA阶梯式焦耳退火后的$\Delta Z/Z_{max}$比值为631.9%与624.6%，并具有较大的响应量程$-1.5\sim0$Oe与$0\sim1.5$Oe；对应的响应灵敏度ξ分别为$\xi=401.0\%/\text{Oe}$与$\xi=397.5\%/\text{Oe}$。退火后畴结构得到改善，100mA阶梯式电流退火后磁畴平滑且周向畴分布增多，交错畴出现，平均畴宽度增至0.98μm。

（6）分析了Co基非晶微丝磁畴结构的形成，理论分析了熔体抽拉Co-Fe基非晶微丝的磁畴结构，给出了微丝畴结构模型，并推出表面周向畴平均宽度约为1μm，与实验符合。

（7）提出了熔体抽拉非晶微丝磁畴结构与GMI性能的对应关系。具有高的GMI比值与对应外磁场的磁畴结构特征：1）单一周向畴，规则分布；2）周向畴界清晰且圆整，畴宽度均匀，尺寸约为1μm；3）畴壁清晰，无钉扎现象。具有较高GMI比值与大磁场量程的微丝的磁畴特征：周向畴（螺旋状畴）与迷宫畴的复合畴结构。

参考文献

[1] PHAN M H, PENG H X. Giant magnetoimpedance materials: Fundamentals and applications [J]. Progress in Materials Science, 2008, 53(2): 323-420.

[2] QIN F X, PENG H X. Ferromagnetic microwires enabled multifunctional composite materials [J]. Progress in Materials Science, 2013, 58: 183-259.

[3] VAZQUEZ M. Soft magnetic wires [J]. Physica B, 2001, 299: 302-313.

[4] HAUSER H, KRAUS L, RIPKA P. Giant magnetoimpedance sensors [J]. IEEE Instrumentation and Measurement, 2001, 4(2): 28-32.

[5] YABUKAMI S, MAWATARI H, HORIKOSHI N. A design of highly sensitive GMI sensor [J]. Journal of Magnetism and Magnetic Materials, 2005, 290: 1318-1321.

[6] LENZ J E, EDELSTEIN A S. Magnetic sensors and their applications [J]. IEEE Sensors Journal, 2006, 6(3): 631-649.

[7] DIAZ-MICHELENA M. Small magnetic sensors for space applications [J]. Sensors, 2009, 9(4): 2271-2288.

[8] ALVES F, BENSALAH A D. New 1D-2D magnetic sensors for applied electromagnetic engineering [J]. Journal of Materials Processing Technology, 2007, 181(1/2/3): 194-198.

[9] TANNOUS C, GIERALTOWSKI J. Giant magneto-impedance and its applications [J]. Journal of Materials Science-Materials in Electronics, 2004, 15(3): 125-133.

[10] JANG K J, KIM C G, YOON S S, et al. Annealing effect on microstructure and asymmetric giant magneto-impedance in Co-based amorphous ribbon [J]. IEEE Transactions Magnetics, 1999, 35(5): 3889-3891.

[11] PANINA L V, MOHRI K. Magneto-impedance in multilayer films [J]. Sensors and Actuators A-Physical, 2000, 81(1/2/3): 71-77.

[12] MORON C, GARCIA A. Giant magneto-impedance in nanocrystalline glass-covered microwires [J]. Journal of Magnetism and Magnetic Materials, 2005, 290-291: 1085-1088.

[13] MISHRA A C, SAHOO T, SRINIVAS V, et al. Giant magnetoimpedance in electrodeposited CoNiFe/Cu wire: A study on thickness dependence [J]. Journal of Alloys and Compounds, 2009, 480(2): 771-776.

[14] OHNAKA I, FUKUSAKO T, MATUI T. Preparation of amorphous wires [J]. Journal of Japan Institute Metals, 1981, 45: 751-762.

[15] CHIRIAC H, OVARI T A. Amorphous glass-covered magnetic wires: preparation, properties, applications [J]. Progress in Materials Science, 1996, 40(5): 333-407.

[16] ATALAY F E, KAYA H, ATALAY S. Magnetoimpedance effect in electroplated NiFeRu/Cu wire [J]. Journal of Physics D: Applied Physics, 2006, 39(3): 431-436.

[17] PANINA L V, MOHRI K. Magneto-impedance effect in amorphous wires [J]. Applied Physics Letters, 1994, 65(9): 1189-1191.

[18] USOV N, ANTONOV A, DYKHNE A, et al. Possible origin for the bamboo domain structure in Co-rich amorphous wire [J]. Journal of Magnetism and Magnetic Materials, 1997, 174:

127-132.

[19] KNOBEL M, ALLIA P, GOMESPOLO C, et al. Joule heating in amorphous metallic wires [J]. Journal of Physics D: Applied Physics, 1995, 28(12): 2398-2403.

[20] LIU J S, CAO F Y, XING D W, et al. Enhancing GMI properties of melt-extracted Co-based amorphous wires by twin-zone Joule annealing [J]. Journal of Alloys and Compounds, 2012, 541: 215-221.

[21] BETANCOURT I, HRKAC G, SCHREFL T. Magnetic domain structure and magnetization reversal in amorphous microwires with circular anisotropy: A micromagnetic Approach [J]. Journal of Applied Physics, 2011, 109: 013902(1-4).

[22] BETANCOURT I, HRKAC G, SCHREFL T. Micromagnetic study of magnetic domain structure and magnetization reversal in amorphous wires with circular anisotropy [J]. Journal of Magnetism and Magnetic Materials, 2011, 323: 1134-1139.

[23] MOHRI K, KOHSAWA T, KAWASHIMA K, et al. Magneto-inductive effect (MI effect) in amorphous wires [J]. IEEE Transactions on Magnetics, 1992, 28(5): 3150-3152.

[24] MOHRI K. Magneto-impedance effect in amorphous wires [J]. Applied Physics Letters, 1994, 65(9): 1189-1191.

[25] KNOBEL M, PIROTA K R. Giant Magnetoimpedance: Concepts and recent progress [J]. Journal of Magnetism and Magnetic Materials, 2002, 242: 33-40.

[26] KNOBEL M, SANCHEZ M L, VAZQUEZ M, et al. Giant magneto-impedance effect in nanostructured magnetic wires [J]. Journal of Applied Physics, 1996, 79(3): 1646-1654.

[27] JANG K J, KIM C G, YOON S S, et al. Annealing effect on microstructure and asymmetric giant magneto-impedance in Co-based amorphous ribbon [J]. IEEE Transactions on Magnetics, 1999, 35(5): 3889-3891.

[28] BEACH R S, SMITH N, PLATT C L, et al. Magneto-impedance effect in NiFe plated wire [J]. Applied Physics Letters, 1996, 68(19): 2753-2755.

[29] GARCIA J M, SINNECKER J P, ASENJO A, et al. Enhanced magnetoimpedance in CoP electrodeposited microtubes [J]. Journal of Magnetism and Magnetic Materials, 2001, 226: 704-706.

[30] ATALAY F E, KAYA H, ATALAY S. Unusual grain growth in electrodeposited CoNiFe/Cu wires and their magnetoimpedance properties [J]. Materials Science & Engineering B, 2006, 131(1/2/3): 242-247.

[31] SOMMER R L, CHIEN C L. Longitudinal and transverse magneto-impedance in amorphous $Fe_{73.5}Cu_1Nb_3Si_{13.5}B_9$ films [J]. Applied Physics Letters, 1995, 67(22): 3346-3348.

[32] XIAO S Q, LIU Y H, YAN S S, et al. Giant magnetoimpedance and domain structure in FeCuNbSiB films and sandwiched films [J]. Physical Review B, 2000, 61(8): 5734-5739.

[33] DE COS D, FRY N, ORUE I, et al. Very large magnetoimpedance (MI) in FeNi/Au multilayer film systems [J]. Sensors and Actuators A-Physical, 2006, 129(1/2): 256-259.

[34] LANDAU L D, LIFSHITZ E M. Electrodynamics of continuous media [M]. Oxford: Oxford Pergamon Press, 1975.

[35] MENARD D, BRITEL M, CIUREANU P, et al. Giant magnetoimpedance in a cylindrical magnetic conductor [J]. Journal of Applied Physics, 1998, 84: 2805-2814.

[36] KRAUS L. Theory of giant magneto-impedance in the planar conductor with uniaxial magnetic anisotropy [J]. Journal of Magnetism and Magnetic Materials, 1999, 195(3): 764-778.

[37] KRAUS L. The theoretical limits of giant magneto-impedance [J]. Journal of Magnetism and Magnetic Materials, 1999, 196: 354-356.

[38] ANTONOV A, GRANOVSKY A, LAGARKOV A, et al. The features of GMI effect in amorphous wires at microwaves [J]. Physica A, 1997, 241(1/2): 420-424.

[39] PANINA L, MOHRI K, UCHIYAMA T, et al. Giant magneto-impedance in Co-rich amorphous wires and films [J]. IEEE Transactions on Magnetics, 1995, 31(2): 1249-1260.

[40] CHEN D X, MUNOZ J L, HERNANDO A, et al. Magnetoimpedance of metallic ferromagnetic wires [J]. Physical Review B, 1998, 57: 10699-10704.

[41] CHEN D X, MUNOZ J L. AC impedance and circular permeability of slab and cylinder [J]. IEEE Transactions on Magnetics, 1999, 35: 1906-1923.

[42] YELON A, MENARD D, BRITEL M, et al. Calculations of giant magnetoimpedance and of ferromagnetic resonance response are rigorously equivalent [J]. Applied Physics Letters, 1996, 69(20): 3084-3085.

[43] HU J, QIN H, ZHANG F, et al. Diameter dependence of the giant magnetoimpedance in hard-drawn CoFeSiB amorphous wires [J]. Journal of Applied Physics, 2002, 91(10): 7418-7420.

[44] PHAN M H, PENG H X, WISNOM M R, et al. Giant magnetoimpedance effect in ultrasoft FeAlSiBCuNb nanocomposites for sensor applications [J]. Journal of Applied Physics, 2005, 98: 014316(1-7).

[45] PHAN M H. Enhanced GMI effect in a $Co_{70}Fe_5Si_{15}B_{10}$ ribbon due to Cu and Nb substitution for B [J]. Physica Status Solidi A, 2004, 201: 1558-1562.

[46] ZHUKOV A, ZHUKOVA V. Magnetic properties and applications of ferromagnetic microwires with amorphous and nanocrystalline structure[M]. New York: Nova Science Publishers, 2009.

[47] DONG Y Q, WANG A D, SHEN B L, et al. $(Co_{1-x}Fe_x)_{68}B_{21.9}Si_{5.1}Nb_5$ bulk glassy alloys with high glass-forming ability, excellent soft-magnetic properties and superhigh fracture strength [J]. Intermetallics, 2012, 23: 63-67.

[48] 李印峰, 尹世忠, 赵双义, 等. $Fe_{63.5}Cr_{10}Cu_1Nb_3Si_{13.5}B_9$非晶和纳米晶合金的巨磁阻抗效应 [J]. 河北师范大学学报(自然科学版), 2000, 24(4): 454-458.

[49] SILVA R, CARARA M, ANDRADE A D, et al. Domain structure in Joule-heated CoFeSiB glass-covered amorphous microwires probed by magnetoimpedance and ferromagnetic resonance [J]. Journal of Applied Physics, 1999, 94: 4539-4543.

[50] ZHANG S L, SUN J F, XING D W, et al. Large GMI effect in Co-rich amorphous wire by tensile stress [J]. Journal of Magnetism and Magnetic Materials, 2011, 323: 3018-3021.

[51] 张树玲, 孙剑飞, 邢大伟. 磁场退火对 Co 基熔体抽拉丝巨磁阻抗效应的影响 [J]. 物理学报, 2010, 59: 1-3.

[52] ZHUKOVA V, GONZALEZ J, BLANCO J M, et al. Studies of magnetic properties and giant

magnetoimpedance effect in ultrathin magnetic soft amorphous microwires [J]. Journal of Applied Physics, 2008, 103: 07E714(1-3).

[53] PAL S K, PANDA A K, MITRA A. Effect of annealing on the second harmonic amplitude of giant magneto-impedance (GMI) voltage of a Co-Fe-Si-B amorphous wire [J]. Journal of Magnetism and Magnetic Materials, 2008, 320: 496-502.

[54] MAN Q, FANG Y Z, SUN H J, et al. Influence of DC Joule heating treatment on the GMI effect in Fe-Co-Nb-Si-B ribbons [C]. Sixth International Conference on Thin Film Physics and Applications, 2008, SPIE: 69841-69844.

[55] PENG H X, PHAN M H, TUNG M T, et al. Optimized GMI effect in electrodeposited CoP/Cu composite wires [J]. Journal of Magnetism and Magnetic Materials, 2007, 316: 244-247.

[56] GHANATSHOAR M, TEHRANCHI M M, MOHSENI S M, et al. Magnetoimpedance effect in current annealed Co-based amorphous wires [J]. Journal of Magnetism and Magnetic Materials, 2006, 304(2): e706-e708.

[57] SEDDAOUI D, MENARD D, YELON A. Measurement and model of the tensile stress dependence of the second harmonic of nonlinear GMI in amorphous wires [J]. IEEE transactions on Magnetics, 2009, 43(6): 2986-2988.

[58] ZHUKOV A, ZHUKOVA V, LARIN V, et al. Tailoring of magnetic anisotropy of Fe-rich microwires by stress induced anisotropy [J]. Physica B, 2006, 384: 1-4.

[59] GARCIA C, ZHUKOV A, ZHUKOVA V, et al. Effect of tensile stresses on GMI of Co-rich amorphous microwires [J]. IEEE Transactions on Magnetics, 2005, 41(10): 3688-3690.

[60] KRAUS L. GMI modeling and material optimization [J]. Sensors and Actuators A, 2003, 106: 187-194.

[61] 张善庆，朱芳镇，徐惠彬. 真空与磁场热处理改善 Fe-Co 合金的软磁性能 [J]. 北京航空航天大学学报，2004，30(10)：944-948.

[62] 吴厚政，刘宜华，萧淑琴，等. 磁场退火 Co-Fe-Ni-Nb-Si-B 薄带巨磁阻抗的影响 [J]. 金属学报，2002，38(10)：1087-1090.

[63] SHIN K H, GRAHAM C D, ZHOU P Y. Effects of application of axial fields on asymmetric magnetization reversal [J]. Journal of Magnetism and Magnetic Materials, 1998, 177-181: 225-226.

[64] WINKLER A, MUEHL T, MENZEL S, et al. Magnetic force microscopy sensors using iron-filled carbon nanotubes [J]. Journal of Applied Physics, 2006, 99: 104905.

[65] MOHRI K, UCHIYAMA T, PANINA L V. Recent advances of micro magnetic sensors and sensing application [J]. Sensors and Actuators A-Physical, 1997, 59(1/2/3): 1-8.

[66] HAUSER H, STEINDL R, HAUSLEITNER C, et al. Wirelessly interrogable magnetic field sensor utilizing giant magneto-impedance effect and surface acoustic wave devices [J]. IEEE Transactions on Instrumentation and Measurement, 2000, 49(3): 648-652.

[67] HERNANDO B, SANCHEZ M L, PRIDA V M, et al. Magnetic domain structure of amorphous $Fe_{73.5}Si_{13.5}B_9Nb_3Cu_1$ wires under torsional stress [J]. Journal of Applied Physics, 2008, 103: 07E716(1-3).

[68] CHIRIAC H. Magnetization process and domain structure in the near-surface region of conventional amorphous wires [J]. Journal of Applied Physics, 2011, 109: 07B504(1-3).

[69] CHIZHIK A, GONZALEZ J, ZHUKOV A, et al. Transformation of surface domain structure in Co-rich amorphous wires [J]. Sensors and Actuators B, 2007, 126: 235-239.

[70] CHIZHIK A. Nucleation and transformation of circular magnetic domain structure in amorphous microwires [J]. Physica Status Solidi A, 2011, 208: 2277-2280.

[71] KABANOV Y, ZHUKOV A. Magnetic domain structure of wires studied by using the magneto-optical indicator film method [J]. Applied Physics Letters, 2005, 87: 142507(1-3).

[72] LEE S H, ZHU F Q. Effect of geometry on magnetic domain structure in Ni wires with perpendicular anisotropy: A magnetic force microscopy study [J]. Physical Review B, 2008, 77: 132408(1-4).

[73] WINKLER A, MUHL T. Magnetic force microscopy sensors using iron-filled carbon nanotubes [J]. Journal of Applied Physics, 2006, 99: 104905(1-5).

[74] CHIRIAC H. Preparation and characterization of glass covered magnetic wires [J]. Materials Science and Engineering A, 2001, 304-306: 166-171.

[75] USOV N, ANTONOV A, DYKHNE A, et al. Possible origin for the bamboo domain structure in Co-rich amorphous wire [J]. Journal of Magnetism and Magnetic Materials, 1997, 174: 127-132.

[76] CHIZHIK A, CARCIA C, CONZALEZ J et al. Study of surface magnetic properties in Co-rich amorphous microwires [J]. Journal of Magnetism and Magnetic Materials, 2006, 300(1): e93-e97.

[77] CHEN D X. Revised core-shell domain model for magnetostrictive amorphous wires [J]. IEEE Transactions on Magnetics, 2001, 37: 994-1002.

[78] KNOBEL M, CHIRIAC H, VAZQUEZ M. Joule heating in amorphous metallic wires [J]. Journal of Physics D: Applied Physics, 1995, 28(12): 2398-2403.

[79] SUN J F, LIU J S. Experimental study on the effect of alternating-current amplitude on GMI output stability of Co-based amorphous wires [J]. Physica Status Solidi A, 2011, 208(4): 910-914.

[80] VAZQUEZ M. Handbook of magnetism and advanced magnetic materials [M]. Spain: John Wiley & Sons Ltd., 2007.

[81] PANINA L V, MOHRI K, BUSHIDA K, et al. Giant magnetoimpedance and magnetoinductive effects in amorphous alloys [J]. Journal of Applied Physics, 1995, 76: 6198-6203.

[82] HERNANDO B, SANCHEZ M L, VAZQUEZ M, et al. Magnetoimpedance effect in amorphous and nanocrystalline ribbons [J]. Journal of Applied Physics, 2001, 90: 4783-4790.

[83] KURLYANDSKAYA G V, VAZQUEZ M, MUNOZ J L, et al. Effect of induced magnetic anisotropy and domain structure features on magneto-impedance in stress annealed Co-rich amorphous ribbons [J]. Journal of Magnetism and Magnetic Materials, 1999, 196-197: 259-261.

[84] ZHUKOVA V, LARIN V S, ZHUKOV A. Stress induced magnetic anisotropy and giant

magnetoimpedance in Fe-rich glass-coated magnetic microwires [J]. Journal of Applied Physics, 2003, 94: 1115-1118.

[85] TEJEDOR M, HERNANDO B, SANCHEZ M L, et al. Stress and magnetic field dependence of magneto-impedance in amorphous $Co_{66.3}Fe_{3.7}Si_{12}B_{18}$ ribbons [J]. Journal of Magnetism and Magnetic Materials, 1999, 196-197: 330-332.

[86] WANG Z C, GONG F F, YANG X L, et al. Longitudinally driven giant magnetoimpedance effect in stress-annealed Fe-based nanocrystalline ribbons [J]. Journal of Applied Physics, 2000, 87: 4819-4821.

[87] LI Y F, VAZQUEZ M, CHEN D X. Giant magnetoimpedance effect and magnetoelastic properties in stress annealed FeCuNbSiB nanocrystalline wire [J]. IEEE Transactions on Magnetics, 2002, 38: 3096-3098.

[88] ZHUKOV A. Design of the magnetic properties of Fe-rich glass-coated microwires for technical applications [J]. Advanced Functional Materials, 2006, 16: 675-680.

[89] LEE A T, CHO W S, LEE H, et al. Influence of annealing and wire geometry on the giant magnetoimpedance effect in a glass-coated microwire LC-resonator [J]. Journal of Physics D, 2007, 40: 4582-4885.

[90] ZHUKOVA V, ZHUKOV A, BLANCO J M, et al. Effect of applied stress on remagnetization and magnetization profile of Co-Si-B amorphous wire [J]. Journal of Magnetism and Magnetic Materials, 2003, 258-259: 189-191.

[91] SEDDAOUI D, MENARD D, YELON A. Measurement and model of the tensile stress dependence of the second harmonic of nonlinear GMI in amorphous wires [J]. IEEE Transactions on Magnetics, 2009, 43(6): 2986-2988.

[92] GARCIA C, ZHUKOV A, ZHUKOVA V, et al. Effect of tensile stresses on GMI of Co-rich amorphous microwires [J]. IEEE Transactions on Magnetics, 2005, 41(10): 3688-3690.

[93] GONZALEZ J J, CHEN A P, ZHUKOV A, et al. Effect of applied mechanical stressses on the impedance response in amorphous microwires with vanishing mgnetostriction [J]. Physica Status Solidi A, 2002, 189(2): 599-608.

[94] MANDAL K, PUERTA S, VAZQUEZ M, et al. Giant magnetoimpedance in amorphous $Co_{83.2}Mn_{7.6}Si_{5.8}B_{3.3}$ microwires [J]. Physical Review B, 2000, 62(10): 6598-6602.

[95] KURLYANDSKAYA G V, VÁZQUEZ M, MUÑOZ J L, et al. Effect of induced magnetic anisotropy and domain structure features on magnetoimpedance in stress annealed Co-rich amorphous ribbons [J]. Journal of Magnetism and Magnetic Materials, 1999, 196-197: 259-261.

[96] KAVIRAJ B, ALVE F. Giant magneto-impedance in stress-annealed finemet/copper/finemet-based trilayer structures [J]. Physica B: Condensed Matter, 208, 403: 1937-1941.

[97] KRAUS L. Off-diagonal magnetoimpedance in stress-annealed amorphous ribbons [J]. Journal of Magnetism and Magnetic Materials, 2008, 320: e746-e749.

[98] KAVIRAJ B, GHATAK S K. Simulation of stress-impedance effects in low magnetostrictive films [J]. Journal of Non-Crystalline Solids, 2007, 353: 1515-1520.

[99] ZHUKOVA V, IPATOV V, ZHUKOV A, et al. Thin magnetically soft wires for magnetic microsensors [J]. Sensors, 2009, 9: 9216-9240.

[100] VAZQUEZ M. Giant magneto-impedance in soft magnetic "Wires" [J]. Journal of Magnetism and Magnetic Materials, 2001, 226-230: 693-699.

[101] CHIZHIK A, ZHUKOV A, GONZALEZ J, et al. Magnetization reversal and magnetic domain structure in glass-covered Co-rich microwires in mresence of tensile stress [J]. Journal of Magnetism and Magnetic Materials, 2004, 272-276: e499-e500.

[102] SINNECKER J P, PIROTA K R, KNOBEL M, et al. AC magnetic transport on heterogeneous ferromagnetic wires and tubes [J]. Journal of Magnetism and Magnetic Materials, 2002, 249: 16-21.

[103] PANINA L V, MOHRI K, UCHIYAMA T, et al. Giant magneto-impedance in Co-rich amorphous wires and films [J]. IEEE Trans Magn, 1995, 31: 1249-1260.

[104] CIUREANU P, KHALIL I, MOLO L G C, et al. Stress-induced asymmetric magneto-impedance in melt-extracted Co-rich amorphous wires [J]. Journal of Magnetism and Magnetic Materials, 2002, 249: 305-309.

[105] SHEN L P, UCHIYAMA T, MOHRI K, et al. Sensitive stress-impedance micro sensor using amorphous magnetostrictive wire [J]. IEEE Transactions on Magnetics, 1997, 33: 3355-3357.

[106] ATALAY S, SQUIRE P T, RUDKOWSKI P. Magnetic and magnetoelastic properties of Fe-Si-B metallic fibers [J]. IEEE Transactions on Magnetics, 1996, 32: 4875-4877.

[107] GARCIA K L, ZHUKOV A, VAZQUEZ M, et al. Effects of torsion on the magnetoimpedance response of CoFeBSi amorphous wires [J]. Journal of Magnetism and Magnetic Materials, 2001, 226-230: 721-723.

[108] TEJEDORY M, HERNANDO B, VAZQUEZ M, et al. The torsional dependence of the magneto-impedance effect in current-annealed Co-rich amorphous wires [J]. Journal of Physics D: Applied Physics, 1998, 31: 3331-3336.

[109] 王欢. 金属非晶纤维熔体抽拉成形及冷拔处理对性能的影响[D]. 哈尔滨: 哈尔滨工业大学, 2013.

[110] CHIRIAC H, TIBU M, DOBREA V. Magnetic properties of amorphous wires with different diameters [J]. Journal of Magnetism and Magnetic Materials, 2005, 290: 1142-1145.

[111] HU J F, QIN H W, ZHANG F Z, et al. Diameter dependence of the giant magnetoimpedance in hard-drawn CoFeSiB amorphous wires [J]. Journal of Applied Physics, 2002, 91(10): 7418-7420.

[112] ANTONOV A S, BORISOV V T, BORISOV O V, et al. Residual quenching stresses in glass-coated amorphous ferromagnetic microwires [J]. Journal of Physics D, 2000, 33: 1161-1168.

[113] WU Y, WU H H, HUI X D, et al. Effects of drawing on the tensile fracture strength and its reliability of small-sized metallic glasses [J]. Acta Materialia, 2010, 58(7): 2564-2576.

[114] WANG H D, WANG X, SUN J. Fabrication and characterization of melt-extracted Co-based amorphous wires [J]. Metallurgical and Materials Transactions A, 2010, 42: 1103-1108.

[115] YU R H, LANDRY G, LI Y F, et al. Magneto-impedance effect in soft magnetic tube [J]. Journal of Applied Physics, 2000, 87(9): 4807-4809.

[116] GARCIA J M, SINNECKER J P, ASENJO A, et al. Enhanced magnetoimpedance in CoP electrodeposited microtubes [J]. Journal of Magnetism and Magnetic Materials, 2001, 226-230: 704-706.

[117] HU J F, QIN H W, ZHANG L, et al. Giant magnetoimpedance effect in Ag/NiFe plated wire [J]. Materials Science and Engineering, 2004, 106(2): 202-206.

[118] SCHWARZACHER W, LASHMORE D S. Giant magnetoresistance in electrodeposited films [J]. IEEE Transactions on Magnetics, 1996, 32(4): 3133-3153.

[119] SINNECKER J P, PIROTA K R, KNOBEL M, et al. AC magnetic transport on heterogeneous ferromagnetic wires and tubes [J]. Journal of Magnetism and Magnetic Materials, 2002, 249 (1/2): 16-21.

[120] SINNECKER J P, OLIVEIRA L. Circular DC bias influence on the GMI of electrodeposited tubes [J]. Journal of Magnetism and Magnetic Materials, 2002, 242-245: 238-240.

[121] 刘景顺. 非晶微丝的巨磁阻抗效应及其电镀连接和温度特性[D]. 哈尔滨: 哈尔滨工业大学, 2013.

[122] ATALAY F E, KAYA H, ATALAY S. Giant magnetoimpedance effect in electroplated CoNiFe/Cu wires with varying Ni, Fe and Co content[J]. Journal of Alloys & Compounds, 2006, 420(1/2): 9-14.

[123] FAN J, NING N, YI J B, et al. Asymmetrical magneto-impedance effect in NiFe/SiO_2/Cu composite wire with a sputtered NiFe seed layer[J]. Physica Scripta, 2010, 139: 014076.

[124] KOMATSU K, MASUDA S, TAKEMURA Y, et al. A novel behaviour of dynamic magnetization process in gold-plated CoFeSiB amorphous wires [J]. IEEE Transactions on Magnetics, 1997, 33(5), 3361-3366.

[125] FAVIERES C, AROCA C, SANCHEZ M C, et al. Giant magnetoimpedance in twisted amorphous CoP multilayers electrodeposited onto Cu wires [J]. Journal of Magnetism and Magnetic Materials, 1999, 196-197: 224-226.

[126] ZHANG S L, SUN J F, XING D W, et al. Large GMI effect in Co-rich amorphous wire by tensile stress [J]. Journal of Magnetism and Magnetic Materials, 2011, 323: 3018-3021.

[127] WANG W J, XIAO S Q, JIANG S, et al. Influence of magnetic induced anisotropy on giant magnetoimpedance effects in FeCuNbSiB films [J]. Thin Solid Films, 2005, 484: 299-302.

[128] BUZNIKOV N A, KIM C, KIM C O, et al. A model for asymmetric giant magnetoimpedance in field-annealed amorphous ribbons [J]. Applied Physics Letters, 2004, 85: 3507-3509.

[129] CIUREANU P, MELO L G C, YELON A. Circumferential and longitudinal 1GHz permeabilities in Co-rich melt-extracted amorphous wires [J]. Journal of Magnetism and Magnetic Materials, 2002, 242: 224-228.

[130] WANG H, PENG H X, SUN J F. Relating residual stress and microstructure to mechanical and giant magneto-impedance properties in cold-drawn Co-based amorphous microwires [J]. Acta Materialia, 2012, 60: 5425-5436.

[131] PIROTA K R, KRAUS L, CHIRIAC H, et al. Magnetic properties and giant magnetoimpedance in a CoFeSiB glass-covered microwire [J]. Journal of Magnetism and Magnetic Materials, 2000, 221(3): L243-L247.

[132] IPATOV M, CHIZHIK A, ZHUKOVA V, et al. Correlation of surface domain structure and magneto-impedance in amorphous microwires [J]. Journal of Applied Physics, 2011, 109: 113924(1-6).

[133] LI X P, ZHAO Z J, CHUA C, et al. Enhancement of giant magnetoimpedance effect of electroplated NiFe/Cu composite wires by dc Joule annealing [J]. Journal of Applied Physics, 2003, 94: 7626-7630.

[134] VAZQUEZ M, HERNANDO A. A soft magnetic wire for sensor applications [J]. Journal of Physics D: Applied Physics, 1996, 29(4): 939-949.

[135] LIU J S, QIN F X, CHEN D M, et al. Combined current-modulation annealing induced enhancement of giant magnetoimpedance effect of Co-rich amorphous microwires [J]. Journal of Applied Physics, 2014, 115: 17A326(1-3).

[136] SHEN H X, LIU J S, WANG H, et al. Optimization of mechanical and giant magneto-impedance (GMI) properties of melt-extracted Co-rich amorphous microwires [J]. Physica Status Solidi A, 2014, 211(7): 1668-1673.

[137] LI X P, ZHAO Z J, CHUA C, et al. Enhancement of giant magnetoimpedance effect of electroplated NiFe/Cu composite wires by dc Joule annealing [J]. Journal of Applied Physics, 2003, 94: 7626-7630.

[138] RAPOSO V, GARCIA D, ZAZO M, et al. Frequency dependence of the giant magnetoimpedancein current annealed amorphous wires [J]. Journal of Magnetism and Magnetic Materials, 2004, 272-276: 1463-1465.

[139] KRAUS L, KNOBEL M, KANE S N, et al. Influence of joule heating on magnetostriction and giant magnetoimpedance effect in a glass covered CoFeSiB microwire [J]. Journal of Applied Physics, 1999, 85: 5435-5437.

[140] KRAUS L, CHIRIAC H, VOVARI T A. Magnetic properties of stress-joule-heated amorphous FeCrBSi microwire [J]. Journal of Magnetism and Magnetic Materials, 2000, 215-216: 343-345.

[141] PIROTA K R, KRAUS L, CHIRIAC H, et al. Magnetostriction and GMI in joule-heated CoFeSiB glasscovered microwires [J]. Journal of Magnetism and Magnetic Materials, 2001, 226-230: 730-732.

[142] BRUNETTI L, TIBERTO P, VINAI F, et al. High-frequency giant magnetoimpedance in joule-heated Cobased amorphous ribbons and wires [J]. Materials Science and Engineering A, 2001, 304-306: 961-964.

[143] HERZER G. Modern soft magnets: Amorphous and nanocrystalline materials [J]. Acta Materialia, 2013, 61: 718-734.

[144] YANG H, CHEN L, ZHOU Y, et al. Giant magnetoimpedance-based microchannel system for quick and parallel enotyping of human papilloma virus type 16/18 [J]. Applied Physics

Letters, 2010, 97: 043702(1-3).

[145] OHNUMA M, HERZER G, KOZIKOWSKI P, et al. Structural anisotropy of amorphous alloys with creep-induced magnetic anisotropy [J]. Acta Materialia, 2012, 60: 1278-1286.

[146] KOZIKOWSKI P, OHNUMA M, HERZER G P, et al. Relaxation studies of amorphous alloys with creep induced magnetic and structural anisotropy [J]. Scripta Materialia, 2012, 67: 763-766.

[147] ALLIA P, TIBERTO P, BARICCO M, et al. Dc Joule heating of amorphous metallic ribbons: Experimental aspects and model [J]. Review of Scientific Instruments, 1993, 64: 1053(1-3).

[148] ASTEFANOAEI I, RADU D, CHIRIAC H. On dc Joule-heating effects in amorphous glass-covered $Fe_{77.5}Si_{7.5}B_{15}$ microwires [J]. Journal of Physics D: Applied Physics, 2005, 38: 235-243.

[149] COISSON M, KANE S N, TIBERTO P, et al. Influence of DC Joule-heating treatment on magnetoimpedance effect in amorphous $Co_{64}Fe_{21}B_{15}$ alloy [J]. Journal of Magnetism and Magnetic Materials, 2004, 271: 312-317.

[150] GHANAATSHOAR M, AZAD N, BANITABA M H, et al. Giant magnetoimpedance effect of ac-dc Joule annealed electroplated NiFe/Cu composite wires [J]. Phys. Status Solidi C, 2011, 8: 3055-3058.

[151] CHEN D M, XING D W, QIN F X, et al. Correlation of magnetic domains, microstructure and GMI effect of Joule-annealed melt-extracted $Co_{68.15}Fe_{4.35}Si_{12.25}B_{13.75}Nb_1Cu_{0.5}$ microwires for double functional sensors [J]. Physica Status Solidi A, 2013, 210: 2515-2520.

[152] ARAGONESES P, ZHUKOV A P, GONZALEZ J, et al. Effect of AC driving current on magneto-impedance effect [J]. Sensors and Actuators A, 2000, 81: 86-90.

[153] CHEN D M, XING D W, QIN F X, et al. Cryogenic Joule annealing induced large magnetic field response of Co-based microwires for giant magneto-impedance sensor applications [J]. Journal of Applied Physics, 2014, 116: 053907(1-5).

[154] QIN F X, PENG H X, PHAN M H. Wire-length effect on GMI in $Co_{70.3}Fe_{3.7}B_{10}Si_{13}Cr_3$ amorphous glass-coated microwires [J]. Materials Science and Engineering B, 2010, 167: 129-132.

[155] ZHUKOVA V, IPATOV M, ZHUKOV A. Thin magnetically soft wires for magnetic microsensors [J]. Sensors, 2009, 9: 9216-9240.

[156] 惠希东，陈国良. 块体非晶合金[M]. 北京：化学工业出版社，2007.

[157] CHEN D X, MUNNOZ J L, HERNANDO A, et al. Magnetoimpedance of metallic ferromagnetic wires [J]. Physical Review B, 1998, 57(17): 10699-10704.

[158] KURLY G V, BARANDIARAN J M, MUNOZ J L. Frequency dependence of giant magnetoimpedance effect in CuBe/CoFeNi plated wire with different types of magnetic anisotropy [J]. Journal of Applied Physics, 2000, 87(9): 4822-4824.

[159] 田民波. 磁性材料[M]. 北京：清华大学出版社，2001.

[160] 张树龄. 熔体抽拉 Co 基非晶丝的磁化及 GMI 效应研究[D]. 哈尔滨：哈尔滨工业大学，2010.

[161] STOHR J, SIEGMANN H C. Magnetism from fundamentals to nanoscale dynamics [M]. Berlin: Springer, 2006.

[162] 姜寿亭, 李卫. 凝聚态磁性物理[M]. 北京: 科学出版社, 2002.